U0185906

DK咖啡百科

咖啡师技巧·咖啡食谱·世界咖啡地图

THE COFFEE BOOK

Barista Tips * Recipes * Beans from Around the World

悦享生活系列丛书

DK咖啡百科

咖啡师技巧 · 咖啡食谱 · 世界咖啡地图

THE COFFEE BOOK

Barista Tips * Recipes * Beans from Around the World

[英] 阿妮特·默德瓦尔 著
(ANETTE MOLDVAER)
屈鑫燕 译

科学普及出版社
· 北 京 ·

目录

简介

8 咖啡馆文化
10 咖啡之旅
12 种与变种
14 系谱图
16 种植与收割
20 处理
24 杯测
26 风味品鉴

咖啡技艺

30 质量指标
32 挑选与储存
36 家庭烘焙
38 研磨
42 咖啡问答
44 测试水质
46 冲煮意式浓缩咖啡
52 奶品的重要性
58 拉花艺术
62 低因咖啡

世界咖啡地图

67 非洲
87 印度尼西亚，亚洲和大洋洲
111 南美洲和中美洲
133 加勒比海地区和北美洲

器具

144 意式咖啡机
146 法压壶
147 滤杯
148 滤布
149 爱乐压
150 虹吸壶
151 炉上加热型咖啡壶
152 冰滴壶
153 美式咖啡机
154 滴滤壶
155 土耳其咖啡壶
156 那不勒斯咖啡壶
157 卡尔斯巴德壶

咖啡食谱

160 经典食谱
180 黑咖啡热饮
189 白咖啡热饮
198 黑咖啡冰饮
202 白咖啡冰饮
207 特调冰饮
212 含酒精咖啡热饮
214 含酒精咖啡冰饮

218 术语表
219 作者简介
220 致谢

简介

咖啡馆文化

对全球数百万人来说，到咖啡馆享受一杯美味的咖啡乃人生一大乐事，而精品咖啡馆更是锦上添花——技艺娴熟的咖啡师可以为你量身定制一杯高品质咖啡。

咖啡馆体验

数百年间，无论是提供欧蕾咖啡（译者注：加入大量牛奶的咖啡）的巴黎咖啡馆，还是售卖无限续杯咖啡的得克萨斯小餐馆，咖啡馆在各种饮食中都占据着核心地位。在中国、印度、俄罗斯和日本，咖啡逐渐盛行，更多人成为咖啡馆的常客。饮用咖啡被许多人当成日常生活的一部分，但对于更多人来说，这仍是一种令人兴奋的全新体验。

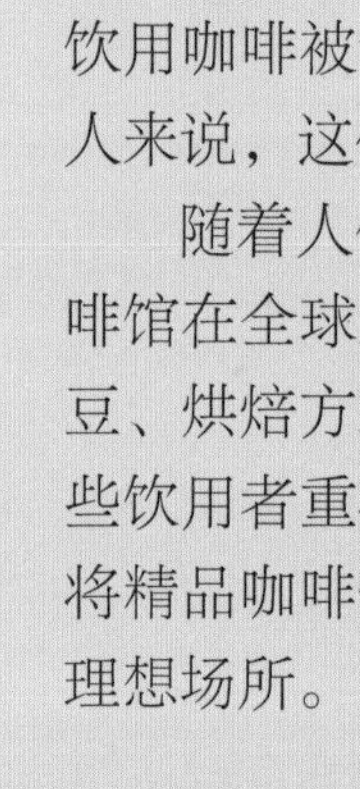

随着人们对咖啡的新鲜感和热情空前高涨，精品咖啡馆在全球遍地开花。精品咖啡馆提供各式各样的咖啡豆、烘焙方式和风格，咖啡不再专属于咖啡鉴赏家。有些饮用者重视品质、可持续性和关怀价值，因此，他们将精品咖啡馆视为社交、探索新风味和感受独特氛围的理想场所。

咖啡对一些人来说只是日常生活的一部分，对另一些人却是新鲜感和兴奋感所在。

咖啡馆的理念

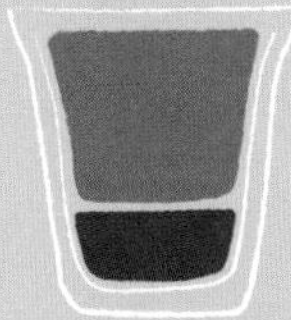

人们经常想当然地认为咖啡就是一个从农场直接到杯子的过程。很多人不知道咖啡豆是一种植物果实的种子，须经过烘焙，才能研磨冲煮。事实上，咖啡是一种应季产品，咖啡原料的栽培和咖啡饮品的制作都需要技术，而越来越多的咖啡馆也在实践和宣扬这些理念。它们强调和推崇咖啡多变的独特风味，尽力展现咖啡豆的原产地和人文风情。

咖啡爱好者在精品咖啡馆的带领下认识了复杂的咖啡生产、贸易和制作过程。咖啡种植者深受价格、商品市场多变的困扰，因此迫切呼吁咖啡的可持续贸易。“价格决定品质”的概念早已被食品和红酒圈所接受，而消费者很快意识到咖啡也应如此。

虽然在供求、成本和生态保护之间取得平衡具有挑战性和未知性，但精品咖啡公司仍一马当先，将注意力放在质量、透明度和可持续发展上。随着这一文化转向的不断推进，人们更加关注咖啡种植及制作，精品咖啡馆也比以往任何时候都更为重要。

咖啡师

精品咖啡馆的咖啡师类似于红酒侍酒师。这些咖啡师是具备专业知识的行家，他们可以教你如何制作咖啡，让你在感受咖啡因带来的快感时，做出一杯趣味十足、令人兴奋的好咖啡。

咖啡之旅

咖啡传播史是一部世界变革史，我们可以跟随事实和传说追溯这段偶有留白的咖啡之旅。

早期发现

至少在1000年前，人们就发现了咖啡。没有人确切了解咖啡的起源，但很多人认为，阿拉比卡原产于南苏丹和埃塞俄比亚，罗布斯塔原产于西非。人们在通过烘焙、研磨和冲煮制备出今天所饮用的咖啡之前，就已经懂得用咖啡果实和咖啡叶来提升精力了。非洲的游牧民将咖啡种子与油脂香料混合，制作出“能量棒”，以便长久跋涉时补充体力。他们还将咖啡叶和外果皮煮沸饮用，以摄取咖啡因，维持充沛精力。

人们认为，咖啡是被非洲奴隶带到也门和阿拉伯的。15世纪，有宗教教徒在晚祷时为了保持清醒，会饮用一种名为“咖许(quishr)”或“阿拉伯酒”的咖啡果茶。随后，这种饮品的提神功效传开了，社会上便有了供商人和学者喝茶及自由交流的“智者之塾”。

尽管有人担心咖许与宗教信仰相冲突，但这种早期咖啡馆的经营并未受到影响，咖啡愈加普及。到16世纪，阿拉伯人开始烘焙和研磨咖啡豆，他们制作的咖啡饮品非常接近于今天的咖啡。后来，这种喝法传到了土耳其、埃及和北非。

时间节点

17世纪

- 也门到荷兰
- 也门到印度
- 荷兰到印度、爪哇岛、苏里南和法国

18世纪

- 法国到海地、马提尼克（法）、法属圭亚那和留尼汪（法）
- 留尼汪（法）到中美洲和南美洲
- 马提尼克到加勒比海、中美洲和南美洲
- 海地到牙买加
- 法属圭亚那到巴西

19世纪

- 巴西到东非
- 留尼汪（法）到东非

在殖民地的传播

阿拉伯人是最早的咖啡商人。他们非常注重保护自己的咖啡，会把生豆煮熟，防止他人偷偷培育。

但在 17 世纪早期，一名教徒将种子从也门偷运到印度，还有一名荷兰商人将幼苗从也门偷运到阿姆斯特丹进行栽培。到了 17 世纪晚期，荷兰殖民地已经种上了咖啡，在印度尼西亚尤其普遍。

18 世纪早期，加勒比海和南美洲地区的殖民地开始种植咖啡。法国人将荷兰人赠予的咖啡种子带到了海地、马提尼克（法）和法属圭亚那。荷兰人在苏里南种植咖啡，而英国人将咖啡从海地运送到了牙买加。

1727 年，一名葡萄牙海军军官受命从巴西前往法属圭亚那带回咖啡种子。据说在这位军官的请求遭到拒绝后，他设法联系了总督夫人。这位夫人将咖啡种子掺在花束里，偷偷带给了他。

咖啡经由南美洲和加勒比海地区传播到了中美洲和墨西哥。19 世纪末期，咖啡种子又被带回了非洲殖民地。

如今，咖啡种植业已经扩展到了世界其他地区，特别是亚洲。

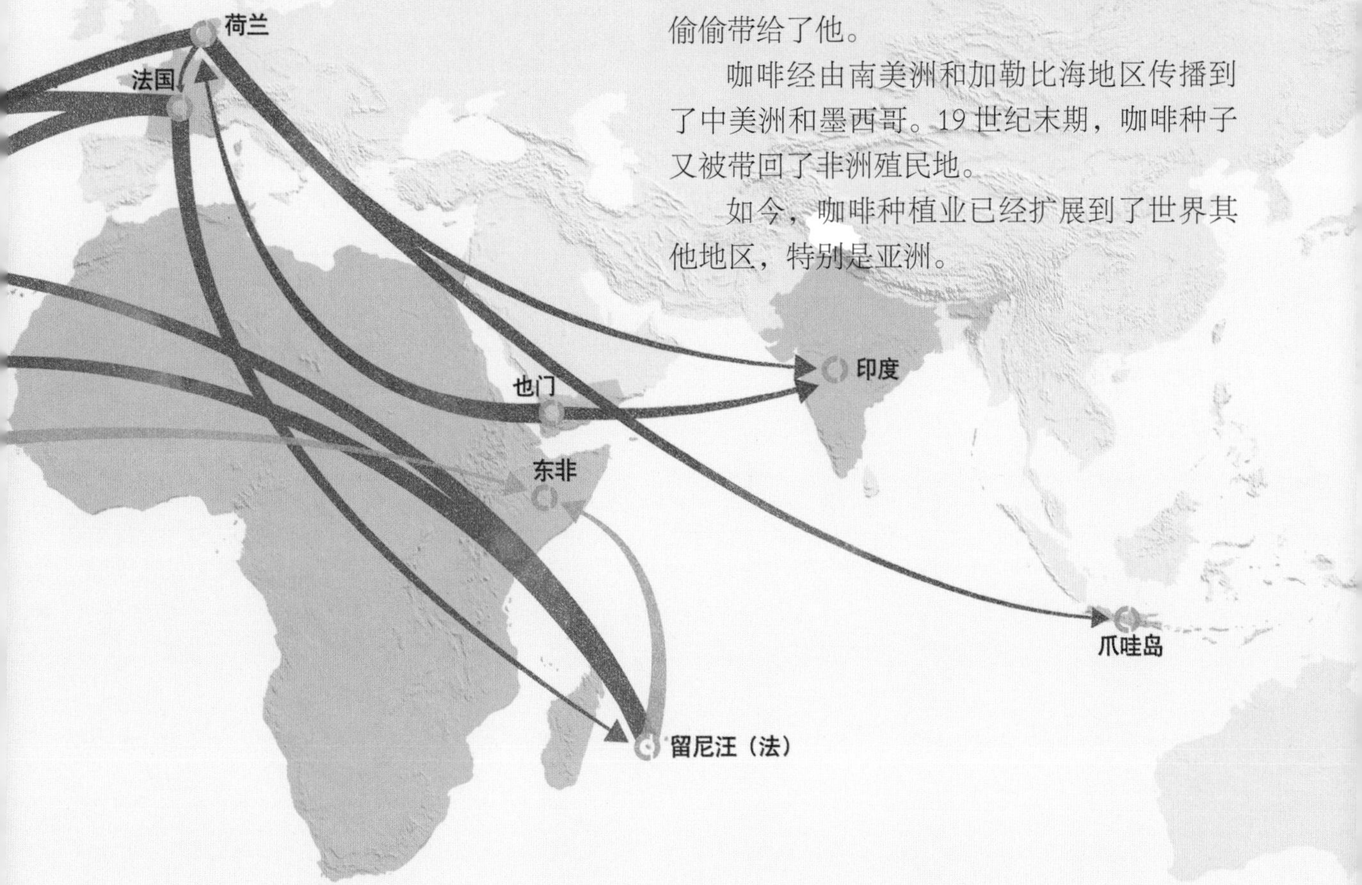

咖啡在数百年间传遍世界各地，也从饮品演化成了商品。

种与变种

咖啡果实生长于树上，这一点与作为葡萄酒原料的葡萄及酿造啤酒的啤酒花一样。咖啡树的种与变种众多，虽然遍及世界的品种屈指可数，但人们仍在不断培育新变种。

咖啡属下的种

这种会开花的树归类在咖啡属下。咖啡属的现代分类法仍在革新，因为科学家在不断发现新咖啡种。具体的咖啡种数量尚未可知，但迄今为止，人们已经发现了 124 个种隶属于咖啡属，较 20 年前翻一番以上。

咖啡属下的野生种主要生长于马达加斯加、非洲、马斯克林群岛、科摩罗、亚洲和澳大利亚。只有阿拉比卡种和坎尼弗拉种（一般称为阿拉比卡和罗布斯塔）得到广泛种植并投入商用，其产量约占全球总产量的 99%。一般认为，阿拉比卡种是坎尼弗拉种（*C.canephora*）和欧基尼奥伊德斯种（*C.eugenioides*）的杂交种，源于埃塞俄比亚和南苏丹的交界地区。还有些国家小批量种植利比里亚种（*C.liberica*）和艾克赛尔莎种（*C.excelsa*），供当地使用。

阿拉比卡变种与罗布斯塔变种

阿拉比卡的栽培变种很多。记载阿拉比卡如何散播到世界各地的资料并不完整且时有矛盾，但可以确定的是，在数千个原生于埃塞俄比亚和南苏丹的变种当中，走出非洲的并不多。它们起初被带到也门，之后从也门被带到其他国家（参见第 10 ~ 11 页）。

这些咖啡树被称为铁皮卡，泛指“普通”咖啡。从遗传角度看，爪哇岛的铁皮卡树是传播到世界各地的咖啡树之起源。波旁是最早被发现的咖啡变种之一，也是铁皮卡的一种自然突变品种。这一突变发生于 18 世纪中期至 19 世纪末期的波旁岛（现留尼汪岛）。现在的大多数咖啡变种为铁皮卡和波旁的自然突变品种或诱变育种。

坎尼弗拉种原产于西非。人们将其咖啡种子从比属刚果带到爪哇岛培植，随后又从爪哇岛传播到几乎所有的阿拉比卡咖啡生产国。坎尼弗拉种下有数个变种，为方便起见，统称为罗布斯塔。另外，人们还将阿拉比卡和罗布斯塔一同种植，以培育新变种。

咖啡的外观和风味受到许多因素的影响，如土壤、日照、雨型、风型和病虫害。许多变种在基因上相似，但因地区不同而命名不同，因此，我们很难厘清阿拉比卡和罗布斯塔的发展过程。第 14 ~ 15 页的系谱图则展示了几款最常见的咖啡变种。

咖啡属

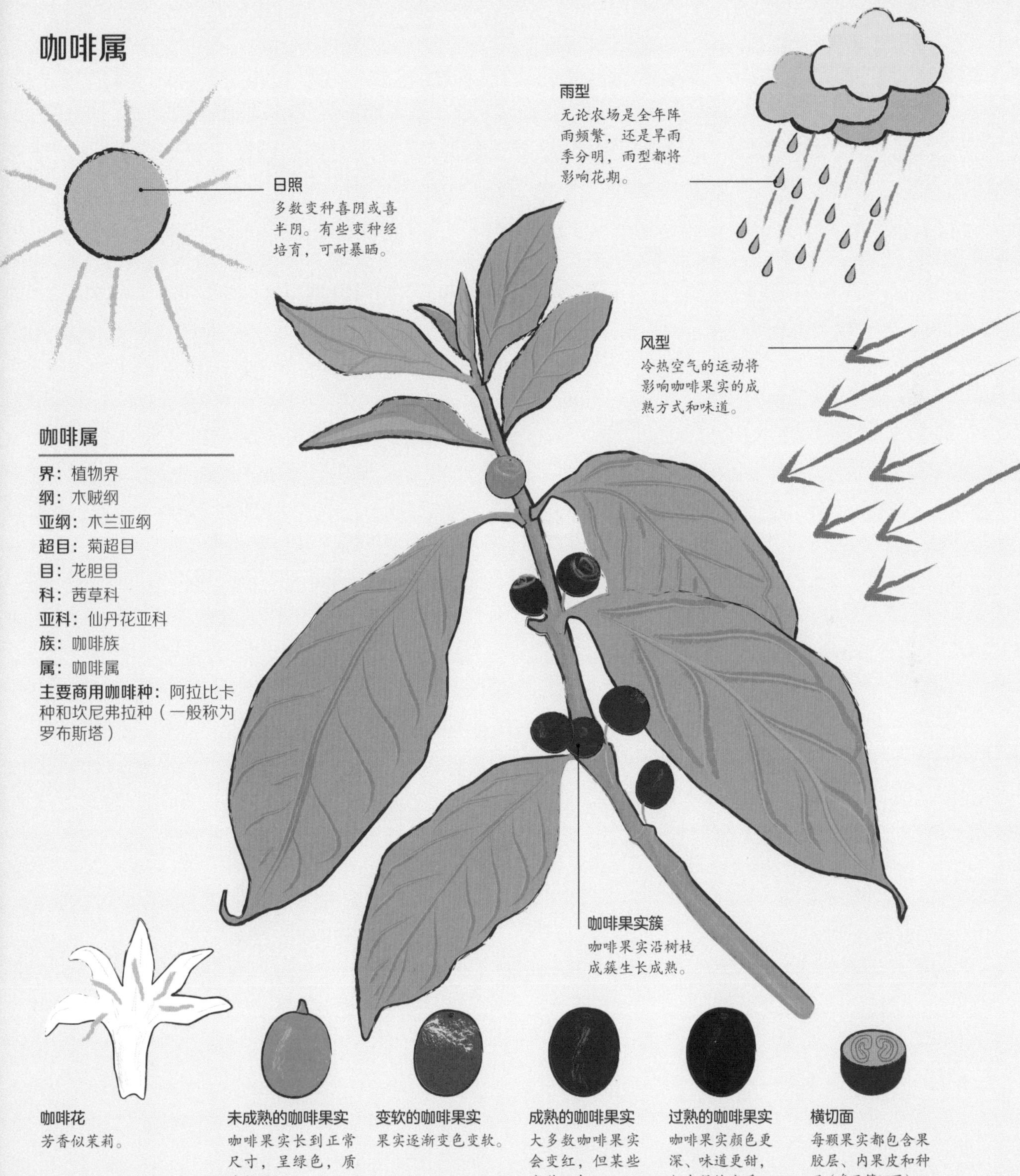

咖啡属

界：植物界
纲：木贼纲
亚纲：木兰亚纲
超目：菊超目
目：龙胆目
科：茜草科
亚科：仙丹花亚科
族：咖啡族
属：咖啡属
主要商用咖啡种：阿拉比卡种和坎尼弗拉种（一般称为罗布斯塔）

系谱图

这张简明的系谱图展示了咖啡一族的主要关系。随着更多风味及特性别具一格的新种和新变种被植物学家发现，这张图还会被不断书写下去。

要揭示所有现存咖啡变种的关系，更多研究势在必行。这张插图只展示了茜草科下的 4 个咖啡种：利比里亚、罗布斯塔、阿拉比卡和艾克赛尔莎。其中，只有阿拉比卡和罗布斯塔为商业豆（参见第 12 ~ 13 页）。为简明起见，罗布斯塔变种统称为罗布斯塔，通常认为其劣于阿拉比卡。

阿拉比卡种下的主要分支有原生种变种、铁皮卡变种、波旁变种及后两者的种内杂交种。罗布斯塔也偶尔与阿拉比卡进行杂交，产生新变种。

种间杂交

拉苏娜 卡蒂姆 + 铁皮卡
阿拉布斯塔 阿拉比卡 + 罗布斯塔
德文马奇 阿拉比卡 + 罗布斯塔
帝汶杂交种 阿拉比卡 + 罗布斯塔
伊卡图 波旁 + 罗布斯塔 + 新世界
鲁伊鲁11 鲁美苏丹 + K7 +SL 28 + 卡蒂姆
萨奇莫 维拉萨奇 + 帝汶杂交种

坎尼弗拉种（罗布斯塔）

利比里亚种

名称有深意

阿拉比卡变种通常以其发现地命名，所以俗称和拼写方式众多。例如，Geisha和Gesha都是指瑰夏变种，在其他地区又名阿比西尼亚。

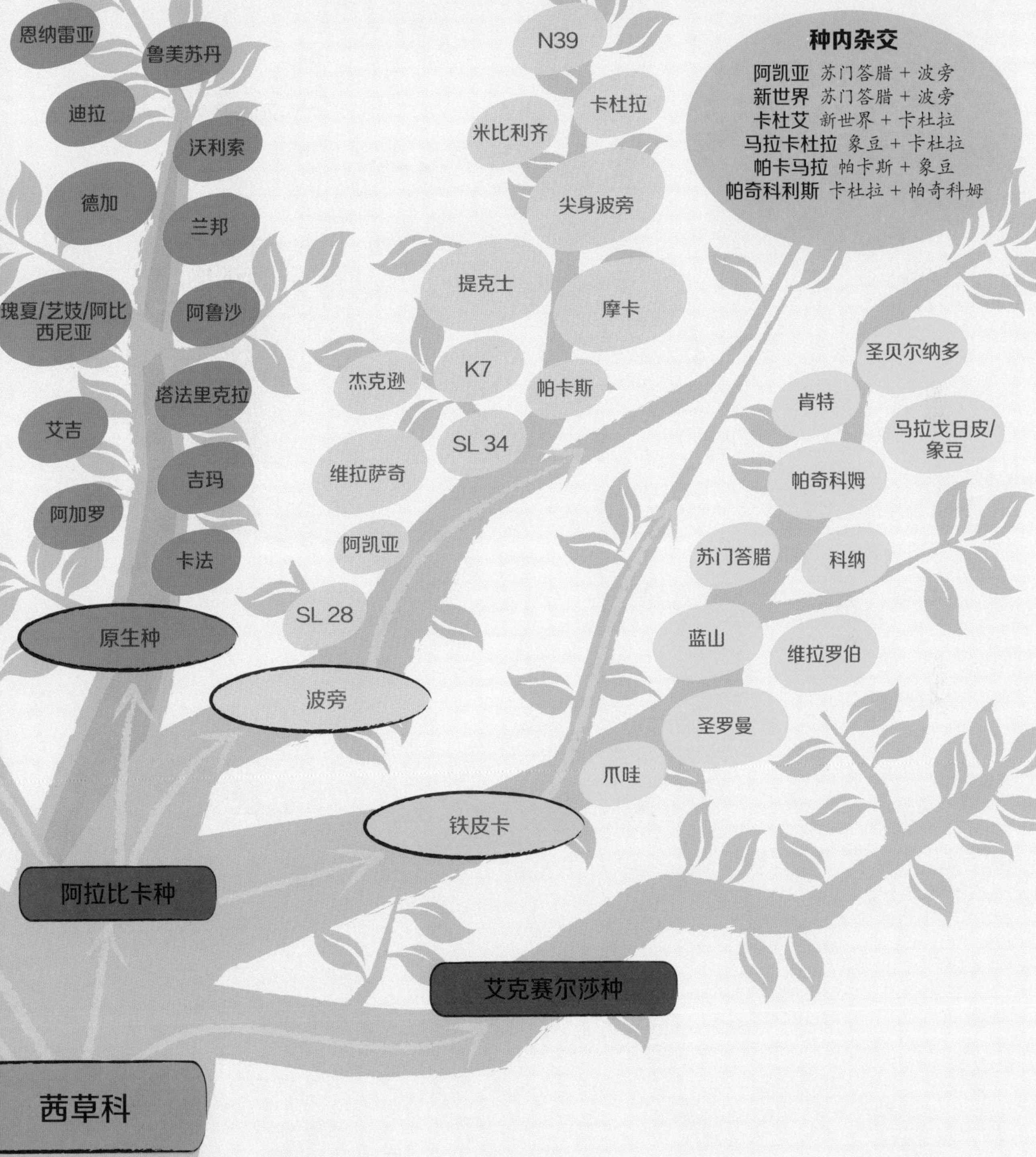
种内杂交
阿凯亚 苏门答腊 + 波旁
新世界 苏门答腊 + 波旁
卡杜艾 新世界 + 卡杜拉
马拉卡杜拉 象豆 + 卡杜拉
帕卡马拉 帕卡斯 + 象豆
帕奇科利斯 卡杜拉 + 帕奇科姆
恩纳雷亚
鲁美苏丹
迪拉
沃利索
德加
兰邦
瑰夏/艺妓/阿比西尼亚
阿鲁沙
塔法里克拉
艾吉
吉玛
阿加罗
卡法
原生种
N39
卡杜拉
米比利齐
尖身波旁
提克士
摩卡
杰克逊
K7
帕卡斯
SL 34
维拉萨奇
阿凯亚
SL 28
波旁
圣贝尔纳多
肯特
马拉戈日皮/象豆
帕奇科姆
苏门答腊
科纳
蓝山
维拉罗伯
圣罗曼
爪哇
铁皮卡
阿拉比卡种
艾克赛尔莎种
茜草科

种植与收割

咖啡树为常绿植物。世界上约有 70 个气候和纬度适宜的咖啡种植国。咖啡树经过精心培育，生长 3 ~ 5 年后，才会开花结果。结出的果实也被称为咖啡樱桃。

到了收割季节，咖农从树上采摘咖啡果实。咖啡果实中含有两粒种子，处理（参见第 20 ~ 23 页）后的种子称为咖啡豆。阿拉比卡和罗布斯塔为主要的商用咖啡豆种（参见第 12 ~ 13 页）。罗布斯塔产量高，抗虫害能力强，风味粗犷。罗布斯塔从插枝繁育而来，插枝先在苗圃里生长几个月，再移植到田地里。阿拉比卡树直接用种子培育（参见下文），果实的风味表现更加优秀。

种植阿拉比卡

咖农从健康的阿拉比卡树（即“母树”）上采集成熟的咖啡果实，取出种子，继而播下，开始新一轮的种植。

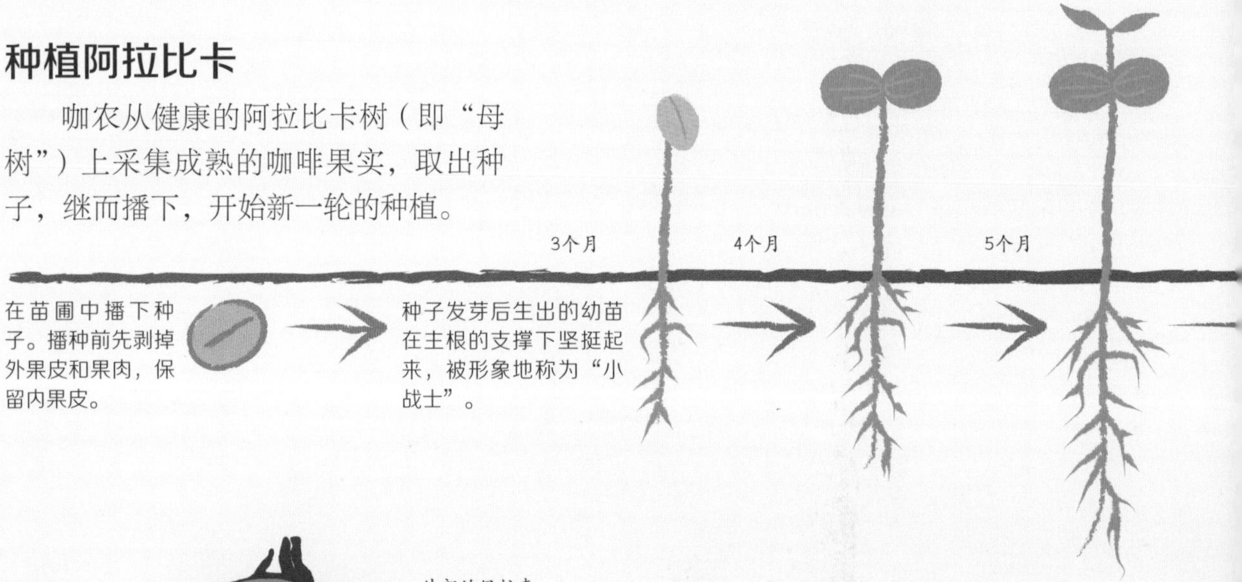

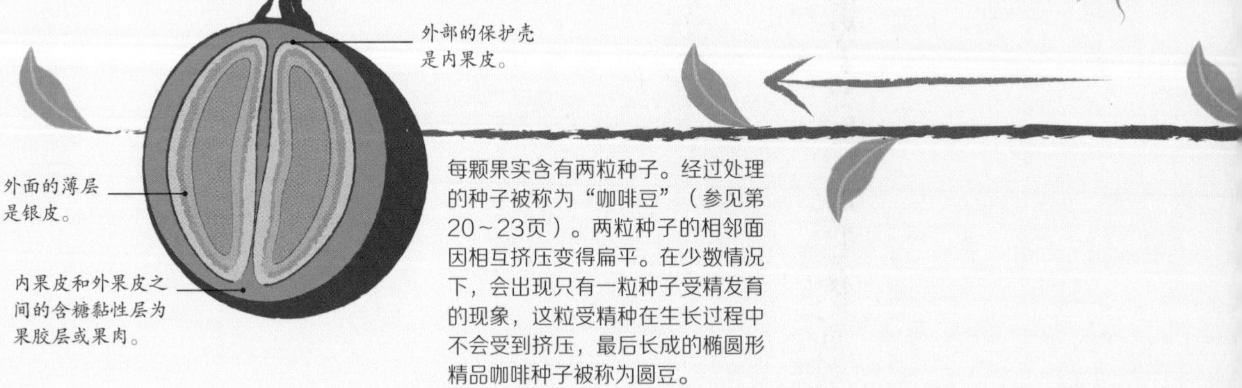

生长条件会影响咖啡品质。咖啡花和咖啡果实对强风、日照和霜冻都很敏感。

收割时节

不论何时，世界上总有地方正在进行着阿拉比卡和罗布斯塔的收割工作。有些国家和地区一年收割一次或两次，还有些区域的采收几乎持续整年。

咖啡树的生长高度因品种而异，但一般都修剪到 1.5 米，方便手工采收。咖农一趟或多趟收割完毕，即一次性采集所有咖啡果实，包括未成熟、过熟及各种中间状态的果实；或分多次采集，每次只收取熟透的果实。

有些国家使用收割机捋下枝头上的果实，或轻微晃动树体，让熟透的果实掉落，以便采集。

咖啡树与产量

一棵健康的、受到精心照料的阿拉比卡咖啡树一季能生产 1 ~ 5 千克咖啡果实。生产 1 千克咖啡豆一般需要 5 ~ 6 千克咖啡果实。无论是剥枝采收还是选择性的人工采收或机采，咖啡果实都需要经过数个阶段的湿处理和干处理（参见第 20 ~ 23 页），采收得到的咖啡豆会再根据品质进行分类。

未成熟的阿拉比卡咖啡果实

每簇有 10 ~ 20 颗又大又圆的阿拉比卡咖啡果实，成熟后会从枝头掉落，咖农需要细心观察、频繁采摘。阿拉比卡咖啡树能长到 3 ~ 4 米。

成熟的罗布斯塔咖啡果实

罗布斯塔咖啡树能长到 10 ~ 12 米高。采收者可以搭梯子够到树枝。每簇有 40 ~ 50 小粒圆形果实，成熟后不会掉下来。

阿拉比卡与罗布斯塔的对比

这两个主要的咖啡树种在植物学和化学上具有不同的特征和品质。这决定了它们能在哪些地区自然生长和持续丰收，也决定了咖啡豆的分类、定价方式及风味特质。

特征	阿拉比卡	罗布斯塔
染色体 阿拉比卡咖啡树的基因结构可以解释其咖啡豆风味为何复杂多变。	44	22
根系 罗布斯塔拥有庞大的浅根，其对土壤深度和孔隙度的要求不如阿拉比卡高。	**深根** 每棵阿拉比卡咖啡树之间应至少相隔1.5米，其根系才能舒展开。	**浅根** 每棵罗布斯塔咖啡树之间应至少相隔2米。
理想温度 咖啡树易受霜冻影响。咖农应确保种植区域的温度不会过低。	**15～25℃** 阿拉比卡咖啡树的生长需要温和的气候。	**20～30℃** 罗布斯塔咖啡树的茂盛生长离不开高温。
海拔高度和纬度 两个树种均生长于南北回归线之间。	**海拔900～2000米** 高海拔地区有生长所需的温度和降雨量。	**海拔0～900米** 罗布斯塔咖啡树不需要凉爽的气候，因此生长于低海拔地区。
雨量 雨水可促进咖啡树开花，但过少或过多都不利于咖啡花和咖啡果实的生长。	**1500～2500毫米** 阿拉比卡咖啡树是深根系植物，在表层土壤干燥时也能生长。	**2000～3000毫米** 罗布斯塔咖啡树的根系较浅，因此需要频繁的强降水。
花期 两个树种都在降雨后开花，但花期因降雨频率差异有所不同。	**降雨后** 阿拉比卡咖啡树生长于雨季分明的区域，因此很容易预测其花期。	**不规律** 罗布斯塔生长的气候潮湿且不稳定，因此花期较不规律。
开花到结果 各咖啡种从开花到果实成熟的时间不等。	**9个月** 阿拉比卡咖啡树的成熟时间较短，因此生长周期之间留给咖农修剪树枝和施肥的时间更长。	**10～11个月** 罗布斯塔咖啡树成熟的时间相对较长，收割时间更分散。
咖啡豆的含油量 含油量与香气浓度相关，因此可作为质量指标。	**15%～17%** 高含油量是其质地平滑柔软的原因。	**10%～12%** 罗布斯塔咖啡豆的含油量低，因此罗布斯塔拼配豆制成的意式浓缩咖啡表面有一层稳定的厚油脂。
咖啡豆的含糖量 含糖量在咖啡豆的烘焙过程中会产生变化，影响酸质和口感。	**6%～9%** 完美烘焙的咖啡豆应具有焦糖化反应带来的自然香甜，令人愉悦，而非焦煳味。	**3%～7%** 罗布斯塔咖啡豆不如阿拉比卡咖啡豆甜，味道“苦涩”，余韵强烈而悠长。
咖啡豆的咖啡因含量 咖啡因是一种天然的杀虫剂，咖啡因的含量越高，咖啡树的抵抗力就越强。	**0.8%～1.4%** 尖身波旁等稀有变种几乎不含咖啡因，因此产量更低且更难培育。	**1.7%～4%** 高咖啡因含量使咖啡树不易受到湿热气候下容易滋生的病虫害和真菌的侵蚀。

处理

咖啡果实经过处理才会变成咖啡豆。世界上有各式各样的处理法，但主要分为干处理（常称为“日晒”）和湿处理（“水洗”或“半日晒”）。

咖啡果实完全成熟时，甜度才会达到峰值。采摘后应在数小时内处理完毕，以保持其品质。加工处理能成就咖啡，亦能毁掉咖啡。如未得到谨慎处理，再怎么精心种植和采摘的咖啡果实都将被糟蹋。

市面上的处理法各异。有些咖农选择自行处理。他们如果有自己的处理厂，可全权控制咖啡出口之前的处理过程。还有些咖农将果实卖给集中化“加工站”进行干燥和（或）脱壳。

准备阶段

这两种处理法的初始步骤不同，但目标一致，都是为咖啡果实的脱壳处理做准备。

湿处理

1 将咖啡果实倒入水槽。通常将未成熟和成熟的果实一同倒入，但最好是只挑熟透的果实倒进去。

2 让咖啡果实通过脱壳机，去除外皮（参见第16页），同时使果胶层保留完好。褪下的外皮可用作农田和苗圃的堆肥和肥料。

3 将包裹着果胶的咖啡豆按重量分别送入不同槽中。

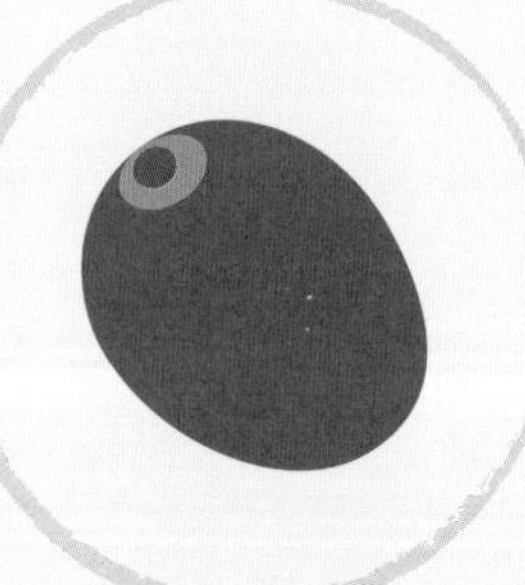

咖啡果实

新鲜的咖啡果实将经过集中的水洗处理（上图）或冲洗并干燥（下图）。

干处理

日晒

1 将所有咖啡果实进行快速冲洗或丢进水里让碎屑浮起。这一步是为了分离果实与碎屑。

2 咖农将咖啡果实转移到露台或晒架上，让其日晒干燥2周左右。

咖啡果实在太阳的照射下将失去光泽并枯干。

半日晒

4 将包裹着含糖果胶层的咖啡豆置于或泵送至室外的干燥露台和晒架上。将其摊开，以2.5～5厘米的高度分层堆放，定时耙平，确保均匀干燥。

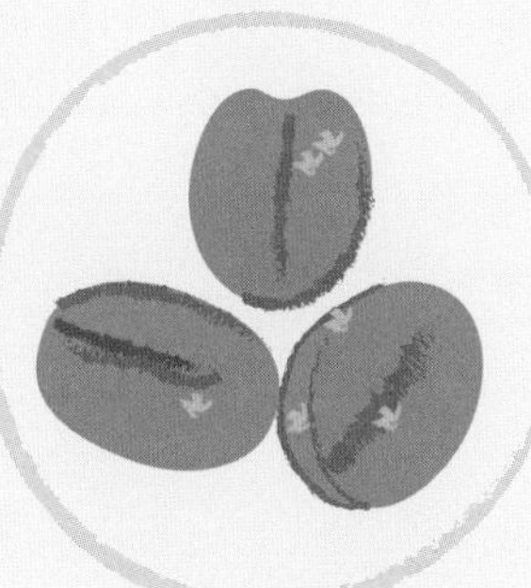

几天后，湿润的豆子仍被含糖果胶层包裹着。

5 根据气候条件，让咖啡豆干燥7～12天不等。如果咖啡豆干燥太快，容易出现瑕疵，导致保质期变短，风味变差。有些地方使用瓜迪奥拉（Guardiola）干燥器进行干燥。

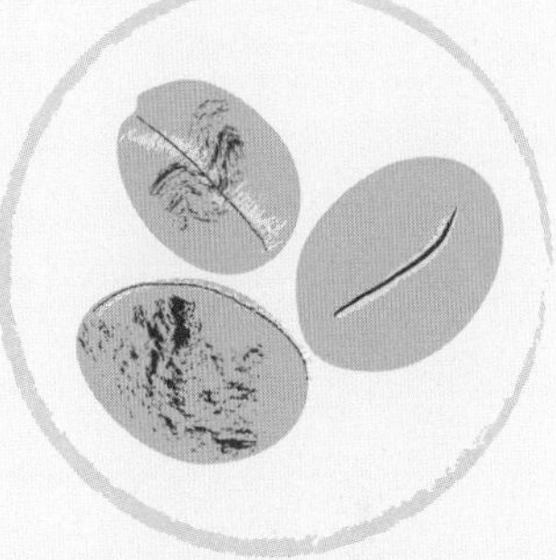

完全干燥后，裹着内果皮的咖啡豆上会出现微红或棕色的斑驳痕迹。

水洗

4 咖啡豆在水槽里浸泡发酵12～72小时，直到果胶层被分解冲洗掉。可能要经过两次浸泡，才能完全激发出豆子的风味或使其外观达标。

5 去除所有果肉后，把包裹着内果皮的干净咖啡豆拿到室外，置于混凝土地面或晒架上干燥4～10天。

6 咖农手工挑选包裹内果皮的咖啡豆，剔除碎裂的咖啡豆，然后翻晒助其干燥。

包裹内果皮的咖啡豆干燥后外观均匀，干净，呈浅米色。

总而言之，水洗处理有助于使咖啡豆的内在风味特质大放异彩。

咖啡果实经过日晒干燥后，进一步皱缩并变成棕色。

脱壳阶段→

脱壳阶段

将干燥的日晒果实和半日晒豆 / 水洗豆静置 2 个月，再送入脱壳厂进行加工处理。

咖啡生产商根据质量将咖啡豆进行分级。

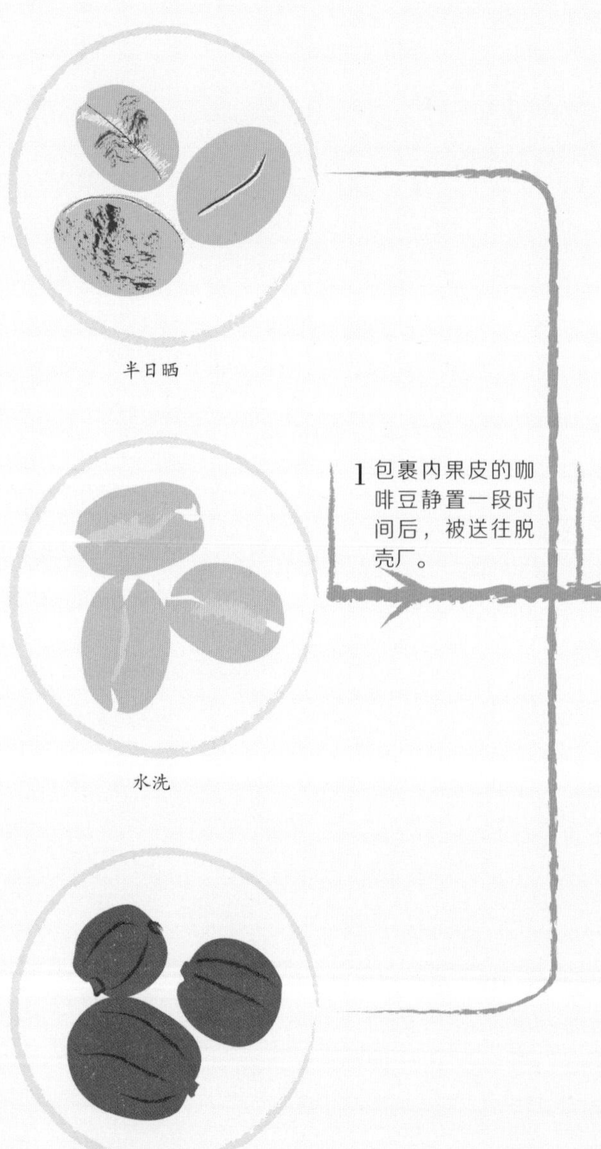

1 包裹内果皮的咖啡豆静置一段时间后，被送往脱壳厂。

2 脱壳厂将移除干燥的外果皮、内果皮和厚度不一的银皮，露出内部的生豆。

3 将咖啡豆放在桌台和传送带上，通过机选或手选进行质量分级。

上至前1%的顶级咖啡、下至最低廉的清仓货都能找到买家。

通常，咖啡豆装入集装箱登船后，漂洋过海2～4周，才能抵达目的地。

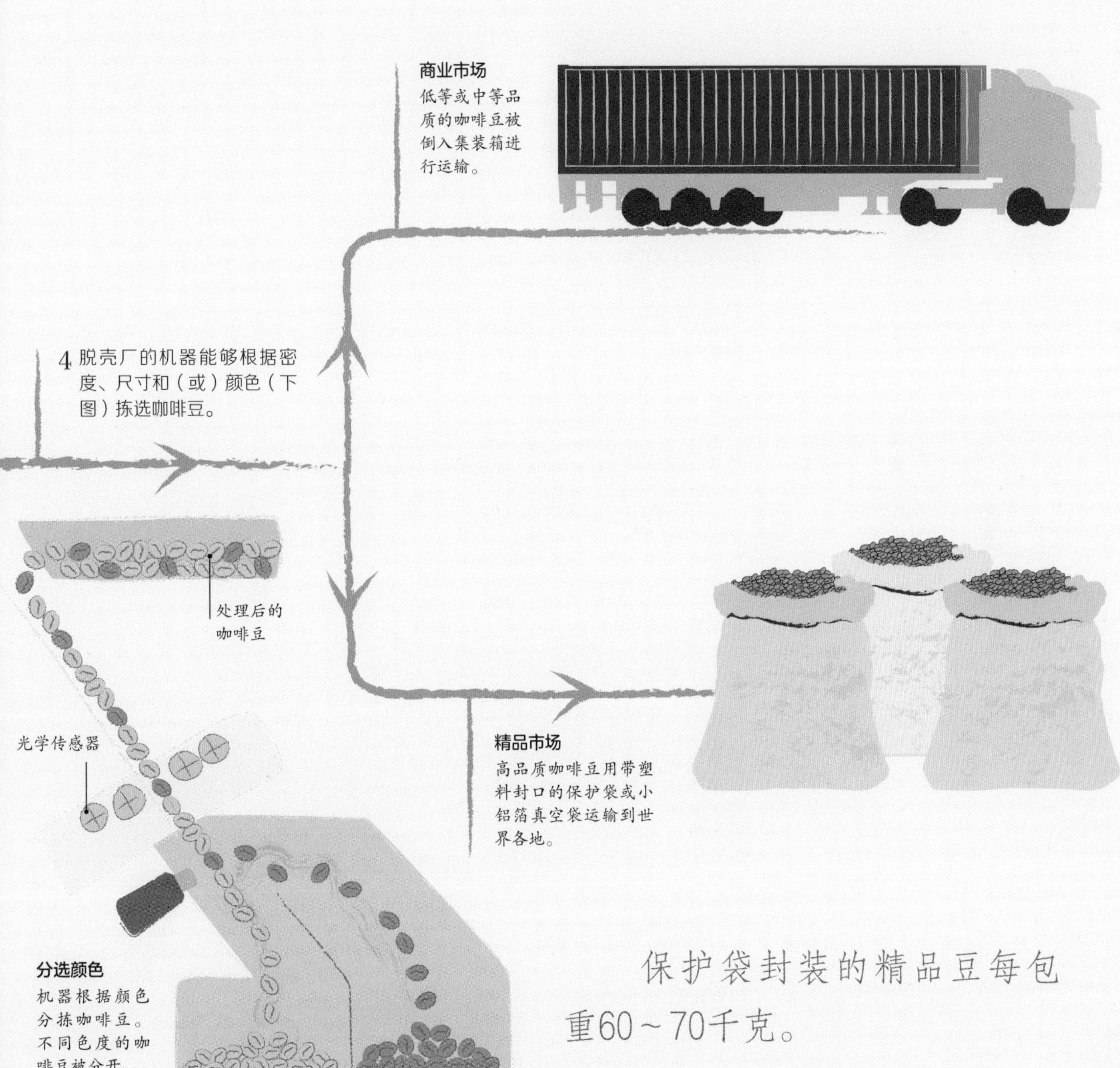

保护袋封装的精品豆每包重60～70千克。

杯测

红酒品鉴者不少，但以品鉴的方式评价咖啡的人并不多。咖啡品鉴又称“杯测”，旨在引领大家探索杯中出人意料的微妙风味和辨认品鉴不同品种的咖啡。

咖啡行业通过杯测判定及控制咖啡豆的品质。不管是“微批次”咖啡豆，还是“量产”咖啡豆，品鉴者都能借助杯测碗对其做出大致判断。杯测表一般为百分制。

杯测是业内品鉴咖啡的通用方法，使用者包含进口商、出口商、烘焙师、咖啡师等。咖啡品质鉴定师受雇于咖啡公司，寻找、品鉴和挑选世界上最好的咖啡。咖啡品质鉴定师还角逐于国内、国际上的杯测大赛。越来越多身处源头的咖啡生产商和加工商也开始采用杯测。

居家杯测很方便，即便不是杯测行家，你也能了解自己的喜恶。积累咖啡风味术语需要勤加练习，而你可以对市面上的各类咖啡进行杯测品鉴，慢慢锻炼自己的感官并拓展咖啡术语库。

杯测准备

器具

手冲磨豆机
电子秤
250毫升容量的耐热咖啡杯、玻璃杯或杯测碗（如果杯具尺寸不一，请使用电子秤或量杯确保所有杯具的水量相等）

原料

咖啡豆

杯测方法

每种咖啡备上一杯，以细究其风味，或备上几杯来品尝。杯测时，可以直接选用磨好的咖啡粉，但现磨的豆子更新鲜（参见第 38 ~ 41 页）。

1 量取12克咖啡豆倒入第一个杯子，进行中度研磨，然后将咖啡粉倒回杯子（参见小贴士）。

2 以同样的方式处理其他咖啡豆。先研磨一汤匙新咖啡豆，以去除上一种豆子的残粉，达到“清洗”磨豆机的目的，再正式研磨这杯待杯测的豆子。

3 所有咖啡豆研磨完成后，先闻香，记录香气的差异。

小贴士

将同一种咖啡豆分成几份来杯测品鉴时，每份应分开研磨。这样一来，即使瑕疵豆混入其中，也只会破坏一杯的风味，而不会影响其他杯。

4 待沸水冷却到93～96℃后，将其倒入咖啡粉，确保咖啡粉浸透。继续注水至杯口，或者使用电子秤或量杯确保正确的粉水比。

5 浸泡4分钟，在此期间，你可以评价“渣壳”（咖啡粉浮沫）的香气，注意不要拿起或晃动杯子。你可能会发现有的香气更浓郁或更清淡，更好或更差。

6 4分钟后，用杯测勺轻轻搅拌咖啡表面3次，划破渣壳，让漂浮的咖啡粉沉底。搅拌下一杯之前，先用热水冲洗一遍杯测勺，防止各个杯测碗串味。破渣时，凑近杯测碗，感受那一刻释放的香气，然后思考你在步骤5中闻到的优秀（不良）特质是否改变。

7 所有杯测碗都破渣完成后，用2把杯测勺撇去浮沫和漂浮物。每撇完一次，用热水冲洗一遍勺子。

8 待咖啡冷却到适饮温度，用杯测勺舀起咖啡液，然后啜吸，即同时让少量空气进入口腔。此时，香气直抵嗅觉系统，咖啡液弥漫整个上颚。请思考咖啡的口感和风味。你的上颚有何感受：寡淡、油腻、轻柔、粗糙、优雅、发干，抑或是柔滑细腻？其味道如何？是否让你想起曾经品尝过的某种滋味？你是否能辨认出坚果、莓果或香料等风味？

9 反复品尝比较每杯咖啡。待其变凉、产生变化后再度品尝，做好杯测笔记，对尝到的味道进行分类、描述和记忆。

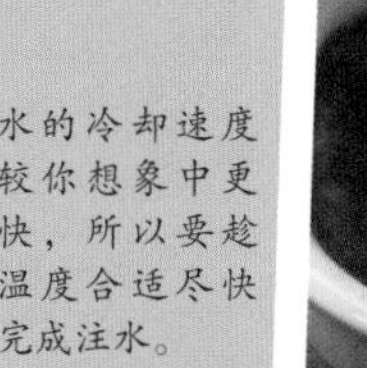

水的冷却速度较你想象中更快，所以要趁温度合适尽快完成注水。

搅拌前，渣壳不应塌陷。塌陷可能表明水温过低或烘焙过浅。

破渣后，用2把杯测勺撇去咖啡液表层浮沫。

感受咖啡液的口感和风味，是柔顺、黏稠、细腻，还是粗糙？余韵又有何区别？

风味品鉴

咖啡拥有极其复杂多变的香气和风味。倘若能辨别出各种风味的细微差异，你就能发现咖啡之美。

锻炼感官只需稍加练习。杯测越多（参见第 24 ~ 25 页），越容易分辨各类咖啡。右边的四个风味轮可作为提示，供你随时识别比较咖啡的香气、风味、口感、酸质和余韵。

风味轮的使用方法

首先，借助大风味轮确定主要风味，再具体到各个味型。然后使用酸质、口感、余韵风味轮来分析上颚的真实感觉。

1 **倒上一杯咖啡** 闻香，查阅风味轮，然后思考。你是否闻到些许坚果味，如果是，那是怎样的坚果？榛果、花生、杏仁，还是其他？

2 **小啜一口** 再次查看风味轮。是否有水果调性或细微的香料味？想想这杯咖啡呈现了什么风味，而你又遗漏了什么风味。先辨别水果等风味大类，再探究细节——想想这种风味更接近核果还是柑橘属。如果是柑橘属，那么是柠檬还是葡萄柚呢？

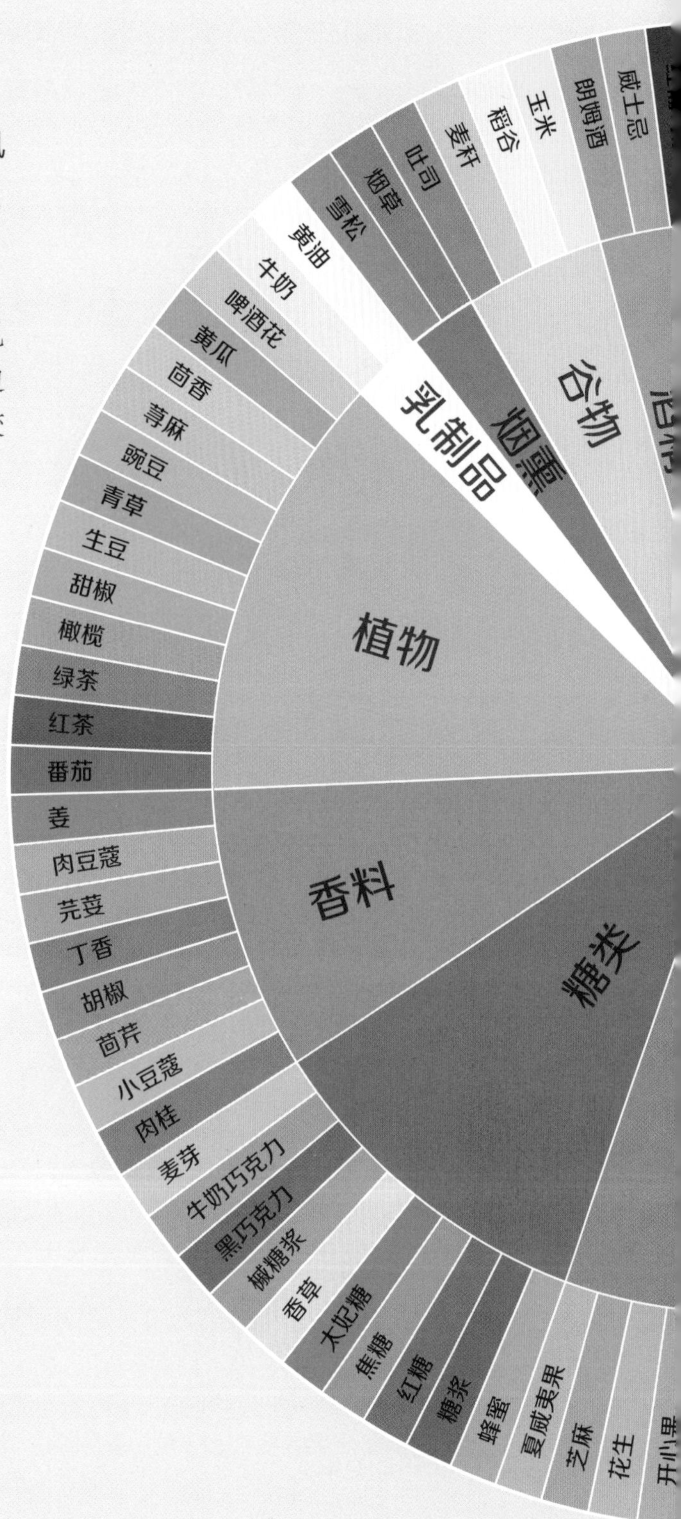

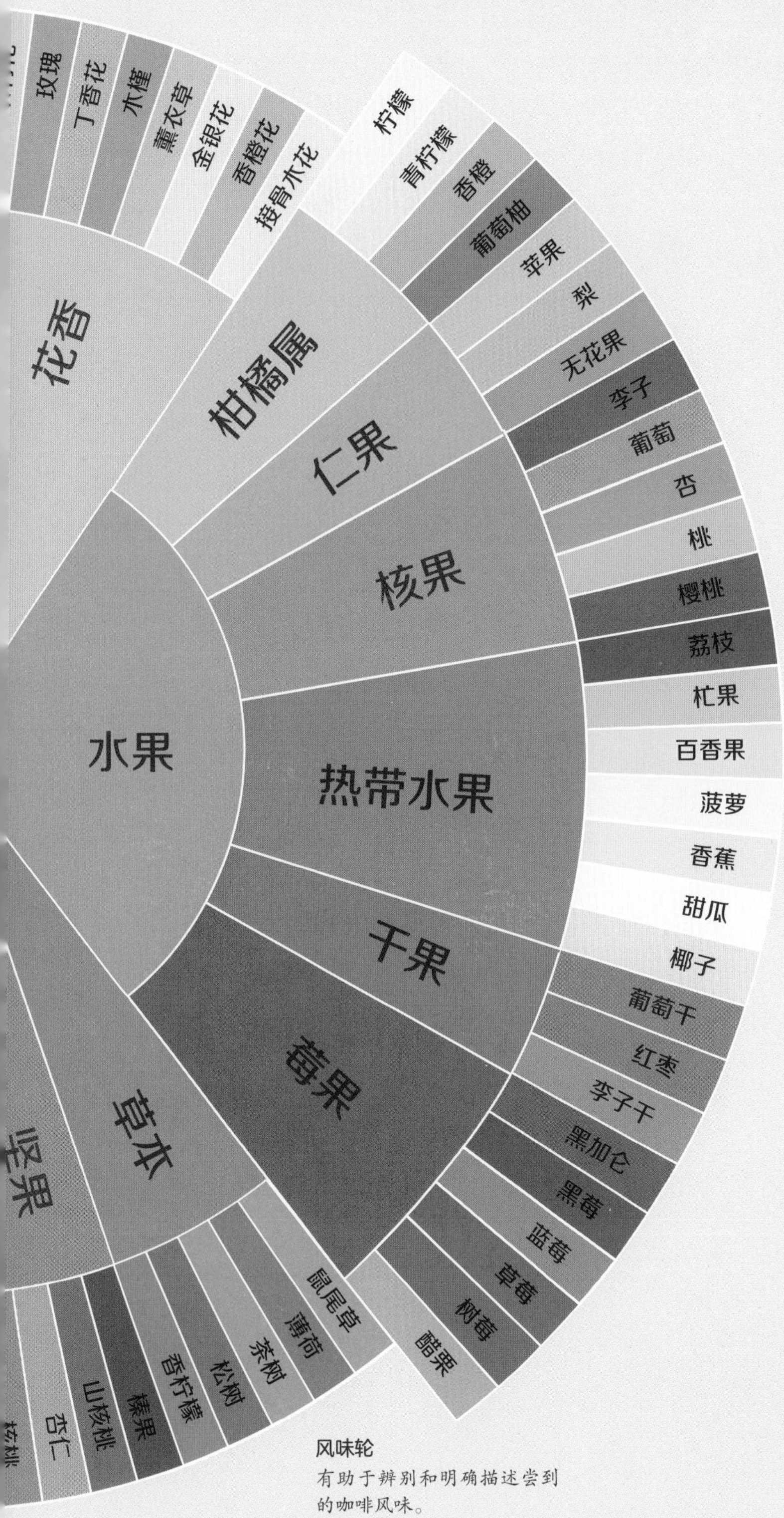

风味轮

有助于辨别和明确描述尝到的咖啡风味。

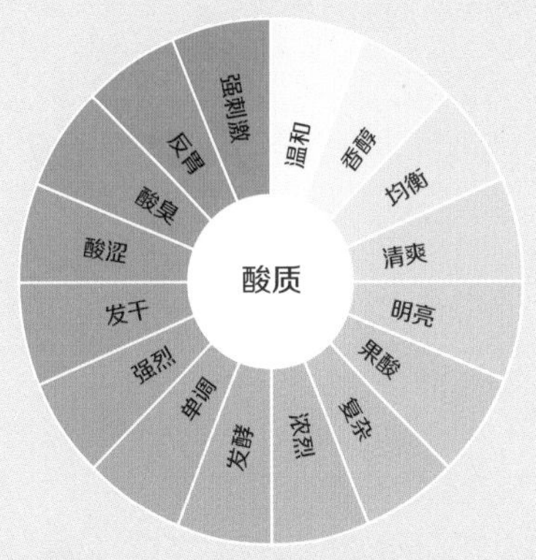

3 再啜一口 宜人的酸质能够提鲜。这杯咖啡的酸质描述为明亮、浓烈、果酸，还是单调？

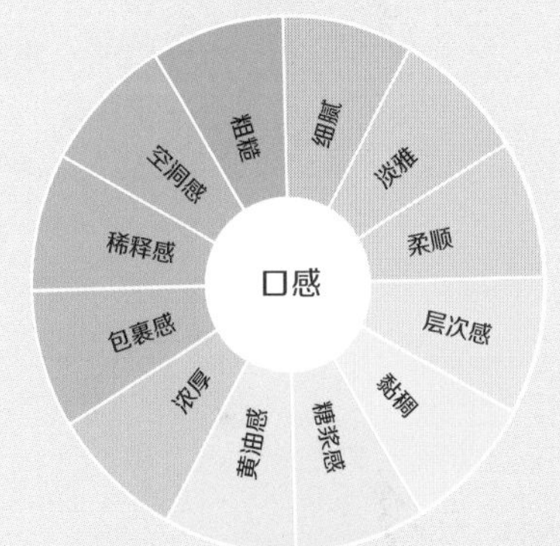

4 将注意力放在口感上 一杯咖啡可以是轻盈的，也可以是厚重的。这杯咖啡的口感是平滑浓厚的，还是轻盈爽口的？

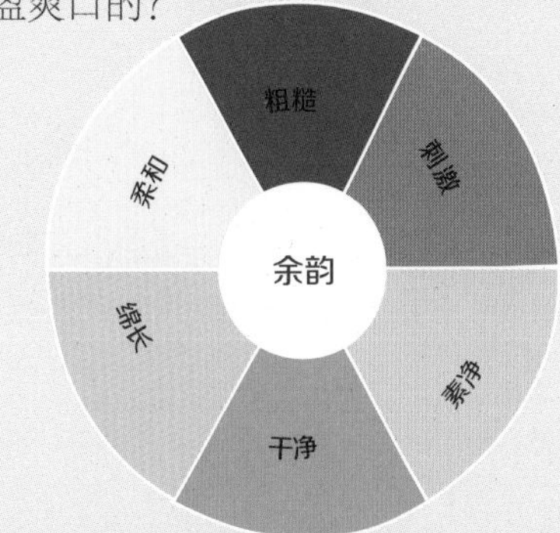

5 吞咽 余韵是绵长的，还是稍纵即逝的？是素净的，还是苦涩难咽的？想想可否用风味轮中的术语描述这杯咖啡。

咖啡技艺

质量指标

一些咖啡经销商常常会在包装上使用一些令人费解、相互矛盾，甚至具有误导性的词汇来描述咖啡，因此，理解术语有助于消费者挑选咖啡。

辨别咖啡豆

有些咖啡包装袋上只标明了阿拉比卡或罗布斯塔（两个主要的豆种，参见第12 ~ 13页），这无异于酒标上只写了白葡萄酒或红葡萄酒。信息量不足，就谈不上明智消费。虽然罗布斯塔普遍劣于阿拉比卡，但市面上也有优秀的罗布斯塔咖啡豆，只是好物难寻，所以阿拉比卡通常是更安全的购买选择。不过低质量的阿拉比卡也比比皆是，标签若一味吹捧"百分百阿拉比卡"，也会误导人，所以这样的标签不能作为质量指标。那么眼光敏锐的消费者该如何辨别标签上的信息呢？

高品质咖啡豆通常附有大量细节，如产区、变种、处理法和风味（参见第33页）。如今，消费者对上乘咖啡的了解愈加深入，为此，烘焙师也意识到诚信和可溯源性是顾客满意度的两大保证。

拼配豆 *vs.* 单品豆

商业咖啡豆公司和精品咖啡豆公司都习惯用"拼配"或"单品"来描述咖啡，旨在说明其原产地。拼配豆是指为创造特定风味轮廓的各种咖啡豆之组合，而单品豆则源于某单一国家或庄园。

拼配豆

拼配豆能够表现出稳定的风味轮廓，全年始终如一，因此广受欢迎。在商业领域，拼配豆的原料和占比是绝不能走漏风声的商业机密，标签上也不会注明豆种或产地。但精品咖啡烘焙师会在包装上清楚标记和称道拼配豆的各种成分，还会阐述各种豆子的特点及风味相互衬托平衡的原理（参见第31页的样品拼配豆）。

单品豆

通常用术语"单品（或译为单一产地）"来表示产自某一个国家的咖啡豆。但只根据原产国信息来辨识咖啡的做法太过宽泛，因为这一信息也可能是指该国某些地区和庄园生产的咖啡豆拼配，还可能是指品种及处理法不同的咖啡的组合。单品豆也有质量高低，百分百巴西豆或类似宣传语并不代表其绝对优秀。同样，这样的标注也很难说明咖啡的风味，因为风味因地区而异。

"拼配豆"是各个国家及地区所产咖啡豆之组合。"单品豆"是指单一国家、合作社或庄园生产的咖啡豆。

精品咖啡圈在包装上标注"单品"这一术语时，通常会把产地具体到单个庄园、合作社、咖农组织或咖农家族。这些单一源头咖啡通常作为限量或季节性产品售卖，上市时间不一定会持续整年，但供应商会视供应情况和风味巅峰期尽可能延长上市时间。

难能可贵的做法

从业者若是在咖啡豆（不论是拼配豆还是单品豆）的培育、处理、运输和烘焙上倾注心血，尊重其固有风味，咖啡豆一定会呈现出令人大加赞赏的绝妙特质。精品咖啡豆公司正是这样的实践者并以此为荣，因此其提供的咖啡能达到最优品质。

样品拼配豆

烘焙师用拼配豆创造各式风味。他们在标签上注明各种咖啡豆的产地和拼配效果。下图为一款优质拼配豆的示例。

挑选与储存

在家冲泡高质量的咖啡从未如此简单，即便周边没有专业的咖啡馆也无妨。许多烘焙师开设了网店，售卖冲煮设备，还会指导顾客如何最大限度地挖掘咖啡豆的潜力。

挑选

购买

超市陈列的咖啡几乎都不新鲜，在当地或网上的咖啡专营店买到新鲜好豆的概率更高。但要浏览所有选项和生僻词汇实在大费周折。你可以稍加调查，找到值得信赖的咖啡供应商。看看咖啡豆的描述用语和包装方式等关键点，打开味蕾，无惧比较和试验，直至找到你想要的品质和相应的供应商。

容器

购买散装咖啡豆时，记得询问咖啡豆的烘焙日期。带盖子的容器能最好地保护咖啡。如果未密封储存，咖啡豆将在几日内失去活力。

秤

少量购买可以确保咖啡的新鲜度。如有可能，一次只需购买几天或一周的用量，市面上的最小包装为 100 克。

包装袋上的信息

许多咖啡包装华丽，但上面的有用信息甚少。有用信息越具体，买到高品质咖啡的概率就越高。

单向阀 新鲜烘焙出炉的咖啡会释放二氧化碳。如果未加保护，二氧化碳将逸出，氧气将进入，豆子里复杂的芳香族化合物也会流失。可以用带单向阀的包装袋将咖啡豆密封保存，以便排出二氧化碳，同时防止咖啡豆氧化走味。

日期 包装袋上除“最佳赏味期”外，还应载明“烘焙和封装”日期。许多商业咖啡公司只标注保质期，不会告知咖啡的烘焙和封装日期。但保质期可以是12～24个月不等，这不能保证咖啡在风味期内得到享用，对消费者也是不利的。

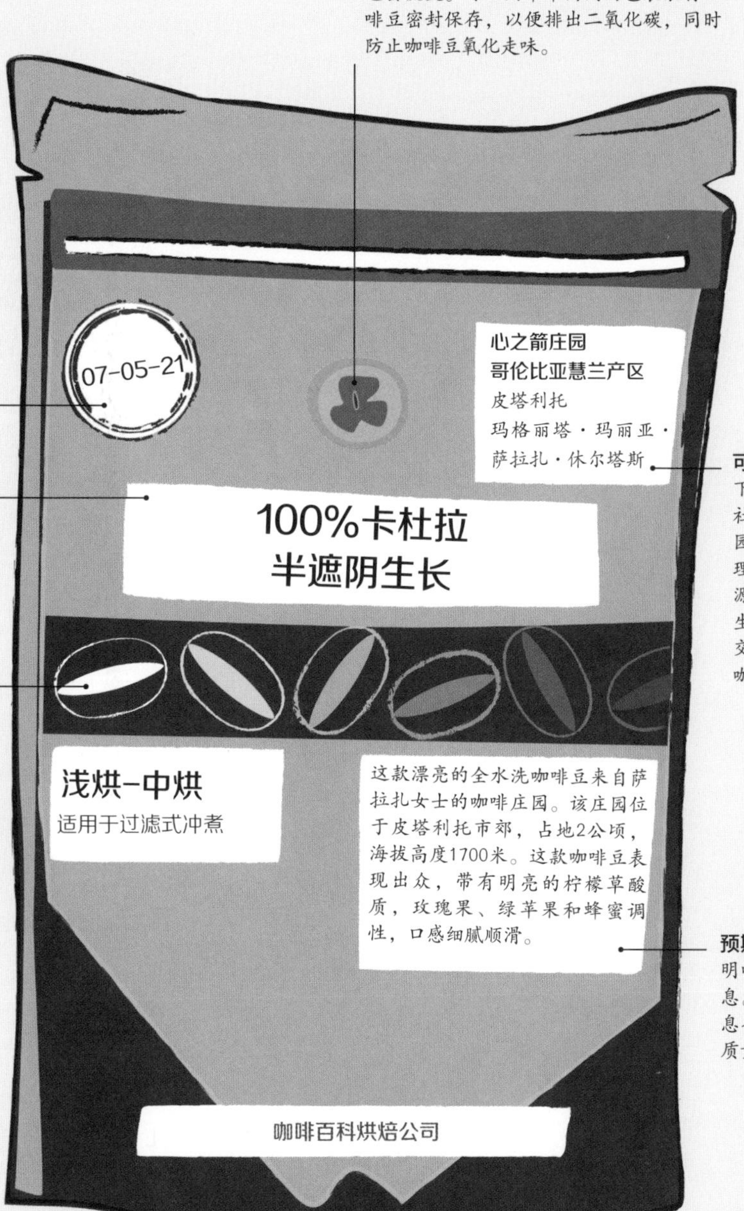

可溯源性 在理想情况下，你应该可以看到合作社、加工站、大中小型庄园的名称以及庄园主或主理人的姓名。咖啡的可溯源性越高，越有可能是从生产到零售环节全程公平交易和悉心处理的高品质咖啡豆。

产地 标签应注明咖啡的种或变种，生长地区以及拼配豆或单品豆信息（参见第30～31页）。

烘焙度 烘焙度信息很管用，但烘焙度用语并不统一。大家在描述“中烘”咖啡豆呈现的棕色时可能各有一套标准。“中浅烘”一般指靠近浅烘的程度，“深烘”则得到颜色更深的咖啡豆。一款中浅烘豆较其他烘焙机出品的深烘豆颜色更深的情况也并不罕见。见多识广的零售商可以提供烘焙度选择建议。

预期风味 标签上还应载明咖啡的处理法和风味信息。海拔信息和遮阴树信息也可以是袋内咖啡豆的质量指标。

包装

咖啡的最大敌人是氧气、热量、光照、湿气和浓烈的气味。不要购买盛放在敞开的容器或漏斗中的咖啡豆。购买咖啡时，应选择带有盖子或透明板罩的干净盛放容器并查看烘焙日期。未得到妥善管理的容器不能维持豆子的品质。购买咖啡时，应认准带单向阀的不透明密封袋。单向阀是一个小塑料片，让咖啡豆释放的二氧化碳可以从袋中排出，也能防止氧气进入包装袋。牛皮纸袋能起到的保护作用极低，可以认为里面的咖啡豆风味尽失。不要购买真空包装的咖啡豆，因为这类豆子在包装前二氧化碳已经排空，早就不新鲜了。咖啡豆越新鲜出炉越好，因为烘焙后只放上一周也有走味的可能性。

价高是否一定物美？

过于廉价的咖啡一定不好，因为低收购价可能意味着省略了应有的生产工序。你也得当心营销噱头把价格抬高，比如昂贵的猫屎咖啡（常见的骗局）或异国岛屿咖啡（你可能会为品牌营销而非优秀的风味买单）。通常，咖啡豆的价格不会因其优劣而拉开差距，所以喝到一杯真正意义上的好咖啡如同以最实惠的价格买到奢侈品。

小贴士

越来越多关注品质的咖啡馆不仅售卖咖啡豆，还出售制作单份咖啡的器材，如咖啡壶。你可以听从咖啡师的推荐和指导，更专业地使用咖啡器具。

价低质劣的咖啡和正规渠道售卖的咖啡在价格上差异之小，远超许多人的想象。

储存

购买咖啡整豆和家用磨豆机可以保证你在家里喝到新鲜咖啡。预磨咖啡粉几小时内就会走味。若得到妥善密封，整豆的新鲜度可以维持数日，甚至数周。尽量只购买一两周的用量。请购买整豆、带磨盘的手动或电动家用磨豆机（参见第 38 ~ 41 页），只研磨每次冲煮所需的量。

储存须知

将咖啡豆储存在密封容器中，置于干燥避光处，远离浓烈的异味。如果咖啡豆储存袋不符合这些标准，请将袋子放入保鲜盒或类似容器中。

储存禁忌

不要把咖啡豆储存在冰箱中，如需延长咖啡豆的保存期限，可以将其冷冻保存，每次冲煮时解冻。解冻后切勿再次冷冻。

比较老豆子和新豆子

完美烘焙的新鲜咖啡具有浓烈的香甜气味，无刺鼻性、酸性和金属腥味。二氧化碳是很好的新鲜度指标。从视觉上比较，这两杯咖啡均使用杯测法冲煮（参见第 24 ~ 25 页）。

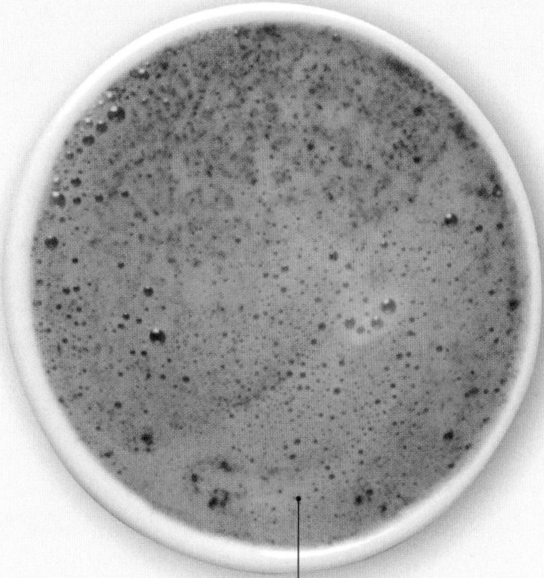

新豆子

水与新豆子里的二氧化碳反应时，泡沫和气泡将形成“膨胀的粉层”（bloom，译者注：俗称“汉堡”）。一两分钟后，粉层会轻微塌陷。

老豆子

老豆子里的二氧化碳含量极低或为零，不足以与水发生反应，液面只会形成平坦暗淡的表皮。咖啡粉也可能极干，很难浸透。

家庭烘焙

在家里烘上一炉咖啡，找到你想要的风味。为此，你可以使用便于管控的家用电动烘焙机或用炒锅加热翻炒。

烘焙方法

要找到时间、温度和总体烘焙度的平衡，你需要勤加练习，而烘焙是一种迷人而惬意的体验，有助于加深你对咖啡潜在风味的理解。确定参数范围后，你就能进行试验和品鉴了，直至找到适合咖啡豆的烘焙法。世间并无烘出漂亮成色和极致风味的万全之策。坚持记录烘焙过程和风味结果，你将很快掌握烘焙。尝试将整体烘焙时间控制在10 ~ 20分钟。时间太短，咖啡可能还很生，味道涩口。时间太长，咖啡可能寡淡无趣。如果购买了家用电动烘焙机，请遵守制造商说明。

烘焙阶段

咖啡豆将随着烘焙的推进发生变化。它们将膨胀，变得平滑，散发出各种香气。

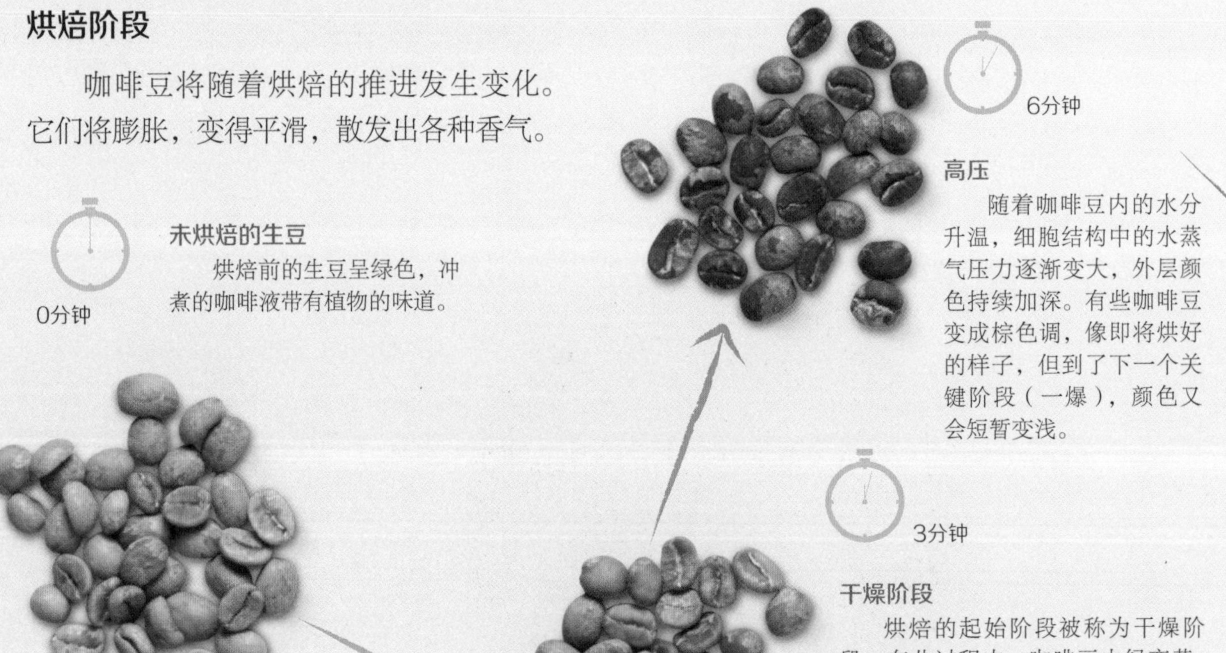

未烘焙的生豆

烘焙前的生豆呈绿色，冲煮的咖啡液带有植物的味道。

干燥阶段

烘焙的起始阶段被称为干燥阶段。在此过程中，咖啡豆由绿变黄，再变浅棕。水分蒸发，酸类发生反应并分解，生豆的植物味道消失。咖啡豆闻起来有爆米花或吐司的味道，且颜色有变化，看上去产生了“皱纹”。

高压

随着咖啡豆内的水分升温，细胞结构中的水蒸气压力逐渐变大，外层颜色持续加深。有些咖啡豆变成棕色调，像即将烘好的样子，但到了下一个关键阶段（一爆），颜色又会短暂变浅。

咖啡生豆

如今，高品质的新鲜生豆唾手可得，网店和精品咖啡馆均有销售。以此为原料，你将很快上手，在家里就能烘焙出可媲美商用豆的咖啡豆。豆子哪怕品质再好，被烘焙毁掉的概率也很高，因此你需要不厌其烦地尝试。

烘焙也不能挽救老豆子或品质低劣的生豆，最多只能用深烘的焦煳味掩盖豆子本身的寡淡、木味和陈腐味。

小贴士

达到满意的烘焙效果后，让咖啡豆冷却2~4分钟。冲煮前养一两天，待二氧化碳排出。意式浓缩咖啡豆要养一周左右。

9分钟

一爆

水蒸气压力最终迫使细胞结构破裂，发出爆米花炸开的声音。此时，咖啡豆体积变大，表皮更加平滑，颜色变得均匀，开始散发咖啡香。如果用滤杯或法压壶冲煮，应在一爆后的1~2分钟内停止烘焙。

13分钟

烘焙阶段

糖分、酸类和化合物的化学反应催生出风味。咖啡豆中的酸类分解，发生焦糖化反应，细胞结构变硬、变脆。

16分钟

二爆

随着气体压力不断升高，咖啡豆迎来二爆，油脂浮于硬脆的表面。许多浓缩咖啡用豆的烘焙在二爆刚开始或持续期间停止。

20分钟

二爆后

咖啡豆的原有风味已所剩无几，几乎只留下焦煳味、烟熏味和苦味。油脂渗透到表面后发生氧化，很快产生刺鼻的气味。

研磨

许多人把钱花在咖啡机上，但其实要大幅提升咖啡的冲煮质量和口感，新鲜的咖啡豆和磨豆机才是关键。

合适的磨豆机

意式磨豆机和手冲磨豆机不同，请按需购买（参见第 39 ~ 41 页）。不过这两种磨豆机都受到一些关键因素的影响。

市面上最常见的是刀片式磨豆机，按下“开启”键后会持续运转。即使用定时器把控研磨时间和粗细，也很难确保每次研磨出的咖啡粉完全一致，尤其是在研磨量有变动的情况下。刀片式磨豆机容易产生细粉，特别是用法压壶冲泡后，沉底的细粉很明显。这种磨豆机的好处是价格实惠。如果你想提升一个档次，那就多花点钱买一台刀盘式磨豆机（平刀或锥刀，参见下文），它可以把豆子磨成粗细更均匀、萃取更完整的颗粒。有些磨豆机可“步进”调节，具有固定档位。有些磨豆机采用“无级”方式，即微量调节。刀盘式磨豆机不一定价格高昂，如手摇磨豆机。如果预算更多或每天的磨豆需求量大，可以选择电动磨豆机。电动磨豆机通常配备定时功能，可控制出粉量。一般以 30 克咖啡豆为一份。记住，设置的档位越粗，研磨时间越短；档位越细，研磨相同分量的咖啡豆耗时越长。

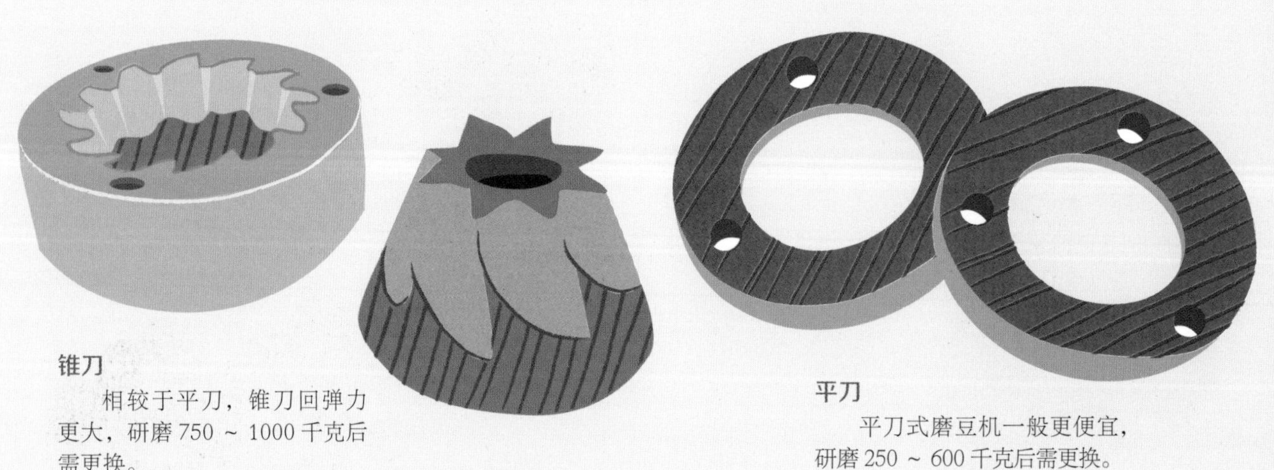

锥刀

相较于平刀，锥刀回弹力更大，研磨 750 ~ 1000 千克后需更换。

平刀

平刀式磨豆机一般更便宜，研磨 250 ~ 600 千克后需更换。

手冲磨豆机

这种磨豆机比意式磨豆机便宜。研磨度可调，但出粉细度一般达不到意式咖啡的标准。手冲磨豆机一般不配备自动出粉或计量装置。

如第 38 页所述，不建议购买刀片式磨豆机。其原理是把咖啡豆切碎，研磨度不可控，容易产生造成过萃的细粉和几乎无法萃取的大块碎片，最终可能让风味失衡，咖啡豆再好、冲煮技艺再高超也无法挽救。

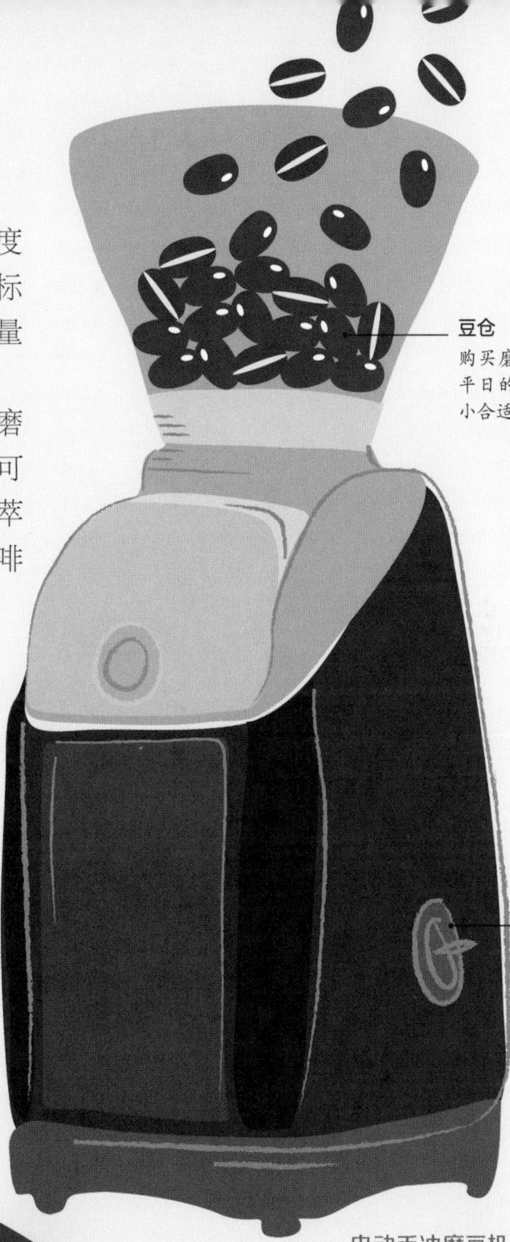

豆仓

购买磨豆机时，根据平日的用量，选择大小合适的豆仓。

定时拨盘

有些磨豆机有定时功能，可自动关闭。

研磨度调节

选择容易调节、无须拆解很多零件的磨豆机。

电动手冲磨豆机

使用方便快捷，需要定期使用专用清洁片清洗。

抽屉粉盒

勿在粉盒中储存咖啡豆，请根据每次的冲煮用量现磨。

手摇式手冲磨豆机

使用这种磨豆机需要一点耐心和力气，但如果研磨量不大或要在无电可用的情况下现磨，手摇式手冲磨豆机相当合适。

意式磨豆机

意式磨豆机为研磨细粉而生，研磨度可微调，出粉量可分配。意式磨豆机配备了结实的电机，因此比手冲磨豆机更重，售价也更高。但如果你想在家里做一杯香喷喷的意式浓缩咖啡，这种磨豆机值得购买。

豆仓
大部分磨豆机都配备了豆仓，一次性可承载1千克的咖啡豆。每次可放入2天的用量，以保证咖啡豆的新鲜度。

无级调节
可根据你的偏好精确控制研磨度。

刀盘
高品质的意式磨豆机配备了平刀或锥刀（参见第38页）。

定量器
有些磨豆机具备数字定时功能，所以可定量研磨，减少浪费。

意式磨豆机

你需要一台意式磨豆机。它应专用于制作意式浓缩咖啡。“调整刻度”（正确设置磨豆机）需要些时间和豆子，这样才能弄出好喝的意式浓缩咖啡。如果用同一台机器来研磨手冲豆和意式豆，就得反复调节研磨度，这样会浪费大量时间和咖啡豆。

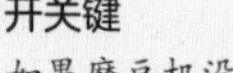

开关键
如果磨豆机没有定量器，扭动开关键停止研磨就好。

冲煮方式与研磨度的匹配

冲煮方式	研磨度

土耳其咖啡壶　冲煮前，应将咖啡豆研磨至细粉状，这样能最大限度地将风味萃取出来。大部分磨豆机达不到这样的细度，此时，你需要专用的手摇式磨豆机。

意式浓缩咖啡机　意式浓缩是容错率最高的冲煮方式。正因如此，咖啡粉必须为细研磨度，才能萃取出均衡的意式浓缩咖啡。

过滤式冲煮器具　中度研磨适合许多冲煮器具，包括滤杯、滤布、摩卡壶、电动滴滤壶和冰滴壶。你可以在一定范围内按需增减咖啡用量。

法压壶　这类冲煮设备没有过滤系统，所以有充分的时间让水穿透粗粉的细胞结构，有助于溶出美味的可溶性物质，同时防止咖啡过度发苦。

咖啡问答

媒体上关于咖啡的信息很多，令人眼花缭乱，你可能找不到自己想要的信息，特别是我们在生活的方方面面都受到咖啡因的影响时。以下是对常见咖啡问题的可靠回答。

咖啡的成瘾性有多高?

咖啡不具有药物依赖性，如果每天适量减少咖啡的摄取量，可在短期内减轻“戒断症状”。

饮用咖啡是否有利于健康?

研究显示，咖啡及其包含的咖啡因、有机化合物等抗氧化剂有助于解决很多健康问题。

咖啡是否会引起脱水?

咖啡有利尿效果。一杯咖啡的含水量在98%左右，因此不会引起脱水。摄入咖啡本身可以弥补流失的水分。

咖啡是否有助于提高注意力?

咖啡会短暂激活大脑，从而提高注意力和记忆力。

咖啡因为何没有起到提神作用?

如果每天在固定的时间饮用咖啡，可能会对咖啡因脱敏。可以不时调整喝咖啡的时间。

咖啡因对运动能力有何影响?

适当摄取咖啡因有助于提高有氧运动的耐力和无氧运动的效率。咖啡因可以疏通支气管，改善呼吸，补充血糖，为肌肉充血。

咖啡如何提神?

腺苷（一种化学物质）靠近受体时，人体会感到困乏，而咖啡因会阻断此过程，刺激肾上腺素分泌，让精力更加充沛。

深烘豆的咖啡因含量是否更高?

极深烘豆的咖啡因含量反而可能更低，绝对不会让你更快打起精神。

为何有些咖啡味道发苦?

咖啡中的某些成分天性味苦，但决定苦味的主要因素是烘焙度。咖啡豆的颜色越深，油脂感越重，出品的咖啡就越苦。冲煮失败或工具不干净也可能导致回味发苦。

咖啡和茶的咖啡因含量孰高孰低?

茶叶本身比咖啡豆含更多咖啡因，但咖啡通过冲煮萃取出来的咖啡因含量往往更高。

咖啡是否会变质?

咖啡储存在潮湿环境中可能发霉。理论上，如果环境适宜，咖啡可以多年不变质，只是风味会变差，做出的饮品可能难以下咽。

哪个国家的咖啡饮用量最大?

单从总量看，美国的咖啡进口量最大，但从人均看，以芬兰为首的北欧国家消耗量最高。每年，芬兰的人均饮用量达 12 千克。

冰箱是否最适合储存咖啡粉?

咖啡不需要储存在冰箱中，因为它会吸收周围食物的水分和香气。应将咖啡储存在干燥的密封容器中，远离光照和热量。

测试水质

一杯咖啡的含水量为98%～99%，因此水质对咖啡风味有重大影响。

滤水壶
定期更换滤芯（过滤100升左右的水后更换，但硬水条件下要换得更勤）。

水中成分

冲煮咖啡的用水应无色无味。矿物质、盐分和金属元素会影响冲煮效果，但光靠看或闻可能无法分辨。有些地区提供干净的软水，而有些地区的用水较硬，还可能有氯或氨等化学成分的味道。硬水意味着水里的矿物质已经饱和了，咖啡可能萃取不足，味道会显得寡淡。为此，你可能需要加大咖啡的用量或研磨得更细。同样，如果水太软或完全不含矿物质，可能会过度萃取，让咖啡豆里不好的元素渗出，导致出品发苦或发酸（译者注：水质硬度对萃取的影响也可能和本文描述相反）。

水质检验

在自家厨房测试水质。用杯测碗准备2份咖啡（参见第24～25页）。豆子、研磨度和冲煮方式固定不变，但分别使用自来水和瓶装水。一同进行杯测，你可能会尝到以往错过的风味。

过滤

如果自来水太硬而你又不想使用瓶装水，可以购买一个简单的家用滤水壶，以提高冲煮质量。你可以在水管上安装过滤套装，或直接购买带活性炭滤芯的水壶（如上所示）。矿物含量合适与否关系着风味好坏，这是许多消费者意想不到的。要提高居家冲煮质量，用瓶装水或过滤水替代自来水是最简单的办法之一。

0毫克
铁、镁、铜

40毫克左右
总碱度

5～10毫克
钠

7
pH值

0毫克
氯

3～5格令或30～80毫克
钙

100～200毫克
溶解性总固体

这些数值有何含义？

我们常用溶解性总固体（Total Dissolved Solids，TDS）这一术语来说明水质与咖啡萃取率的关系。TDS是指水中有机化合物和无机化合物之数量总和，单位为毫克/升或百万分率（parts per million，ppm）。术语“硬度格令”（编者注：格令是历史上使用过的一种重量单位，最初在英格兰定义一颗大麦粒的重量为1格令，约合0.06克）表示水中钙离子的数量。冲煮用水的pH值应为中性：pH值过高或过低都会让咖啡变得平淡无味或难喝。

最理想的成分含量

购买测试套装分析水质。右图为冲煮用水的目标分析值，以1升体积为准。

冲煮意式浓缩咖啡

意式浓缩咖啡是唯一借助泵压萃取的咖啡。为防止咖啡过烫，意式咖啡机的水温应保持在沸点以下。

什么是意式浓缩咖啡？

意式浓缩咖啡的冲煮涉及诸多理论和实践，包括意式经典及在此基础上发展出来的美式、北欧和澳洲风格。不论个人喜好如何，你需要知道的是，意式浓缩本质上既是一种冲煮方法的名称，也是一款饮品的名称。许多人也用“意式浓缩”一词描述烘焙度，但事实上，你可以选用任何烘焙度、任何豆种或拼配豆来制作意式浓缩。

准备工作

除咖啡机制造商说明书外，以下几项准则也能让你在家冲煮意式浓缩咖啡变得更简单。

1 向干净的意式咖啡机里添水，将烘焙后静置排气一两周的咖啡豆放入磨豆机。预热咖啡机和手柄。

2 擦拭手柄粉碗，去除残留的咖啡粉，防止二次萃取。

物料清单

器具

意式咖啡机
意式磨豆机
干布
粉锤
压粉垫
清洗药粉
清洗工具

原料

烘焙好的咖啡豆（养好后）

有关烘焙和咖啡豆的理论林林总总，
但意式浓缩本质上只是一种冲煮方式。

小贴士

意式浓缩咖啡的冲煮需要勤加练习。可以借助电子秤和小量杯试验出合适的粉水比，同时做好笔记。相信你的味觉，反复试验，找到你喜欢的味道。

3 让冲煮头出水，以保持温度稳定并清洗分水网上的咖啡残渣。

4 研磨咖啡，用粉碗接16～20克咖啡粉，出粉量具体取决于粉碗大小和你的需求。

按份冲煮意式浓缩咖啡

保证出品的品质和稳定绝非易事。相较于其他冲煮方式，要在家里做好一杯意式浓缩更加耗费心力。对于愿意为高档咖啡机投资的买家而言，冲煮既是一种爱好，也为日常生活带来仪式感。

1 轻微晃动手柄或用手柄轻敲桌面，使咖啡粉均匀分布。你还可以根据喜好使用专用布粉工具（如图所示）。

2 使用与粉碗配套的粉锤。让粉锤与粉碗边缘齐平，压实咖啡粉，确保粉饼厚度均匀。按压时无须过猛，也不用敲打手柄或反复压实。

3 这一步是为了压紧所有咖啡粉，确保粉床紧实平整且经受得住水压，也是为了让水均匀流过粉床，完成萃取。

小贴士

布粉时切勿按压，可用工具或手指上下来回推动粉堆，直至咖啡粉松散地填满所有空隙。

冲煮可以是一种爱好，也可以为日常生活带来仪式感。掌握冲煮需要练习，但也会带来无穷乐趣。

小贴士

为了调试研磨度，做出满意的咖啡，你每天可能要倒掉好多份浓缩咖啡。第50页列出了冲煮意式浓缩咖啡的常见错误。

4 将手柄扣在冲煮头上，然后立即打开水泵。可以设置为双份定量冲煮，也可以选择手动控制，即得到想要的出液量后按下停止键。

5 将一个预热好的意式浓缩咖啡杯置于手柄出水口下（如果需要两个单份，也可以并列排放两个杯子）。

6 咖啡液应在5～8秒后流出。前段呈深棕色或金黄色，随着冲煮推进和更多可溶物渗出，咖啡液逐渐变淡。你应该在25～30秒内萃取50毫升包括油脂在内的咖啡液。

是否完美?

一杯体现高超冲煮技艺的意式浓缩咖啡应具有一层平滑的油脂（参见第 48 页），液体呈深金棕色，表面没有大气泡和浅色斑点或裂纹。油脂稳定后应有几毫米厚，不应太快散开。味道应酸甜均衡，质地平滑，如奶油般细腻，余味绵长宜人。你应该可以从中判断出烘焙度的深浅及冲煮技艺的高低，还可以尝到咖啡本身的独特风味，不管是危地马拉豆的巧克力味、巴西豆的坚果味，还是肯尼亚豆的黑加仑风味。

完美冲煮的意式浓缩咖啡

可能出错的地方有哪些?

如果特定时间内（参见第49页）的萃取量高于50毫升，可能是因为：
- 研磨太粗
- 粉量太少

如果萃取量低于50毫升，可能是因为：
- 研磨太细
- 粉量太多

如果咖啡太酸，可能是因为：
- 咖啡机的水温太低
- 咖啡豆烘焙太浅
- 研磨太粗
- 粉量太少

如果咖啡太苦，可能是因为：
- 水温太高
- 咖啡机不干净
- 咖啡豆深烘过度
- 磨豆机刀盘太钝
- 研磨太细
- 粉量太多

不完美的意式浓缩咖啡

清洗咖啡机

咖啡豆由油类、微粒和其他可溶物组成。如果咖啡机没有彻底清洁，这些物质可能堆积其中，让出品沾上苦味和灰土味。每次萃取完，应用水冲洗器具。每天用专门的清洗溶液进行反复冲煮，或视情况尽可能频繁地清洗咖啡机。

小贴士

使用干净的小刷子清洗咖啡机冲煮头内的橡胶密封圈。不用咖啡机时，也请装上手柄，以确保密封圈固定在原处。

1 将咖啡杯放到一旁，从冲煮头上取下手柄。

2 敲掉用过的粉饼，用干布把手柄擦拭干净。

3 放水冲掉冲煮头分水网上的咖啡残渣，同时冲洗手柄出水口。将手柄重新固定到冲煮头上，使其保持温热，以备下一次萃取操作。

奶品的重要性

好咖啡值得纯饮，即不加糖、不加奶、不添加其他调味剂。不过奶品和咖啡绝配又是公认的，每天饮用加奶咖啡的人有数百万之多。奶泡可以加强奶品本身的甜味。

奶品的类型

任何类型的奶品都能用蒸汽打发，无论是全脂奶、半脱脂奶还是脱脂奶，但不同奶品打发后口味和口感存在差别。低脂奶打发后会产生很多泡沫，但可能有点发干易碎。全脂奶打发后的泡沫较少，但平滑细腻。豆奶、杏仁奶、榛仁奶等植物奶或不含乳糖的奶品也能打发，产生泡沫。大米奶不易打发，但对坚果过敏者来说不失为一种选择。上述某些奶品升温快，产生的泡沫可能不如乳制品的奶泡稳定平滑。

打奶泡

练习打奶泡时，往拉花缸里多倒些牛奶，可能比实际用到的多。只要奶量够多，你就有充分的时间进行试验，否则，温度可能上升过快，致使你在打出绵密的奶泡前必须停止操作。初学者可以选用 1 升容量的拉花缸，倒入牛奶至其 1/2 的位置，确保咖啡机上的蒸汽棒能够触碰到牛奶表面。如果触碰不到，可以换成 750 毫升或 500 毫升的拉花缸。拉花缸再小一点就不好用了，因为牛奶会升温过快，让你来不及把控牛奶的旋转方向和进气速率。

1 使用上部略微收窄的拉花缸，让牛奶有空间旋转、膨胀、起泡且不会溢出。请使用冷藏的新鲜牛奶，加奶量不要过半，如图所示。

2 打开蒸汽阀，清除蒸汽棒内残留的水分或奶液，直到只有干净的蒸汽喷出。用专用擦布包住蒸汽头，防止喷射和水滴溅落。手指应远离蒸汽头，防止烫伤。

随着微小的气泡和蒸汽进入牛奶，你将听到轻柔平稳的“呲呲”声。

小贴士

为了不浪费牛奶，可以在清水中加入几滴清洁剂来模拟打奶泡，直到你学会掌控进气和旋转牛奶。

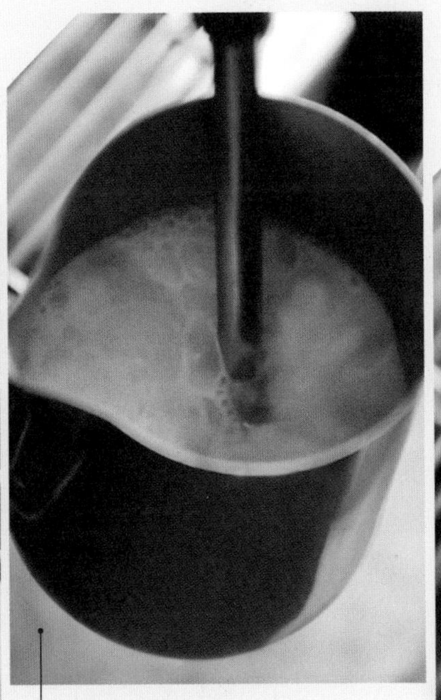

3 保持拉花缸直立。调整蒸汽棒在拉花缸中的角度，使其略微偏离中心，但不要贴到缸壁。蒸汽头应刚好没入牛奶。

4 以惯用右手的使用者为例，用右手握住拉花缸把手，用左手打开蒸汽阀。直接抬高蒸汽阀，切勿犹豫。如果未完全抬高蒸汽阀导致蒸汽压力不足，不仅不能打出奶泡，牛奶还会发出刺耳的巨大声响。用左手托住拉花缸底部，感受牛奶温度。

5 调整蒸汽压力的方向，让液面旋转起来。“呲呲”声代表牛奶在被持续打发。逐渐增厚的奶泡会起到消音作用。随着“呲呲”声越来越小，奶泡也会变得绵密紧实。

接下页→

打奶泡（接上页）

小贴士

牛奶加热至60～65℃时可直接饮用且味道香甜。如果继续加热，牛奶喝起来就会像煮沸的米粥。

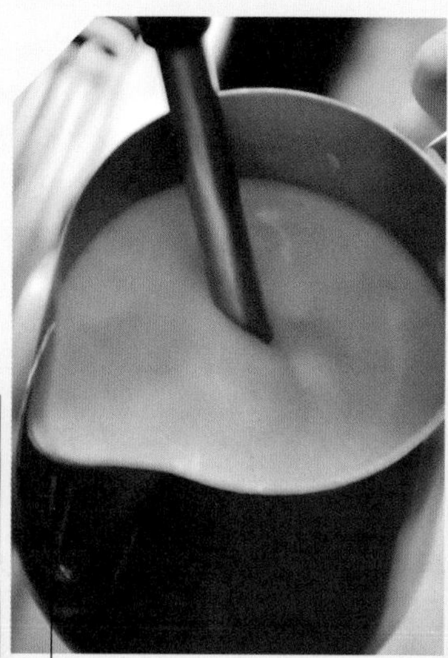

6 加热的牛奶会持续膨胀致液面升高，漫过蒸汽头，从而阻断进气。如果泡沫不够，可向下移动拉花缸，让蒸汽头始终停留在液面。如果泡沫太多，则抬高拉花缸，让液面高于蒸汽头。保持液体旋转，将大气泡打碎成小气泡，这样奶泡会更加绵密紧实。

7 仅在牛奶产生热感之前进气。一旦感觉拉花缸底部温度达到体温时，请停止进气——温度高于37℃后形成的气泡很难打碎。如果在蒸汽喷出后立即开始进气，你将有充裕的时间打出想要的奶泡。

8 保持牛奶旋转，当缸底烫得难以托住时把左手拿开，再过3秒后关闭蒸汽。此时牛奶的温度刚好在60～65℃。如果你听到沉闷的隆隆声，说明牛奶已被煮沸。这种带有鸡蛋腥味或米粥味的牛奶不适合做咖啡。

9 将拉花缸放到一旁。用湿布擦拭并包住蒸汽棒，开启蒸汽阀数秒，确保排出蒸汽棒内的残余奶液。如果牛奶液面有大气泡，可静置几秒，待其强度降低。然后在桌台上轻轻地磕几下拉花缸，震碎气泡。

10 大气泡完全消失后，旋动拉花缸，直到缸内的牛奶呈现光泽且与奶泡完美融合。如果中间出现一团质地较干的厚奶泡，可前后左右轻微晃动牛奶，使奶泡和牛奶重新融合，随后再次旋动拉花缸。

11 牛奶和奶泡融合到位后，立即将其倒入咖啡杯，而无须用勺子将奶泡舀出。继续练习，假以时日，你还能掌握拉花技术。

牛奶的保存

只要牛奶新鲜、手法正确，就能打出奶泡。有些牛奶虽然在“保质期”内，但让奶泡保持稳定的重要蛋白质可能已经变质，导致气泡很难产生，所以请选用最新鲜的牛奶。光照也很致命，所以请选购不透光的牛奶瓶，每次用完后放回冰箱。

小贴士

打奶泡时，不用大幅度移动拉花缸，请把一切交给蒸汽。你只需要固定好蒸汽棒与拉花缸的位置及角度。

植物奶

拒绝使用动物奶的消费者可以在市面上找到各种植物奶。你也可以用搅拌机和细筛网或滤布制作植物奶。

豆奶由黄豆（一种豆科植物）制成，在营养成分上最接近牛奶，或许也是最广为人知的牛奶替代品。如今，杏仁奶和燕麦奶已经普及开来，而其他各式植物奶也试图在市场上占据一席之地。

成分与过敏原

在选择既适合自己，又与早餐咖啡搭配的植物奶时，口味和口感并非唯一需要考虑的因素。可以看看成分表和标签上的营养成分信息。许多奶品中添加了维生素和矿物质（如钙）等营养强化辅料，也有些奶品额外加了糖，所以要谨慎选择。请留意脂肪含量和钠含量、是否添加了乳化剂或稳定剂，以免误食。

由谷物、果仁、种仁和荚果制成的奶品一般可作为备选，但考虑到名称可能具有误导性，请务必查看标签，确认是否存在过敏原。对坚果过敏比较常见，但要注意，有些种仁和荚果也会引起过敏反应。有些植物奶的主要成分与宣传语大相径庭。消费者并非总能正确区分果仁、种仁和荚果，也不易发现名称有误。若要细究起来，花生应为荚果，杏仁是核果果仁，而巴西栗则是蒴果种仁。

有些成分看上去是安全的，但工厂加工时可能存在交叉污染。虽然燕麦不含麸质，但燕麦加工厂可能也在加工含麸质的小麦，而微量小麦可能引发腹腔疾病。

用豆奶、杏仁奶和燕麦奶等植物奶可以打出绵密的奶泡来制作拿铁或卡布奇诺。还有些植物奶不会产生泡沫，但味道很好。有些植物奶不耐高温，如果打奶泡时容易凝结，可以考虑控制一下温度，不用像打发牛奶一样。

自制植物奶

选择以下任意原料，制作植物奶：

- 黄豆
- 燕麦
- 杏仁
- 大米/糙米
- 椰子
- 豌豆
- 大麻
- 夏威夷果
- 花生
- 栗子
- 腰果
- 油莎豆
- 榛子
- 亚麻籽
- 核桃
- 藜麦
- 开心果
- 巴西栗
- 南瓜籽
- 芝麻
- 葵花籽
- 山核桃
- 斯佩尔特小麦

自制奶的好处是可以精确控制成分和自行选择是否添加甜味剂和调味剂。龙舌兰、椰子糖、蜂蜜、槭糖浆和红枣是绝佳的甜味剂。加一撮盐可以缓解苦味。姜、姜黄、肉桂、香草和可可粉等调味剂又可以为咖啡带来另一番风采。

很多时候，人们将植物加水捣碎，再进行固液分离制作植物奶。大部分种仁、谷物或果仁需要提前泡软，让难以消化的酶或酸类渗出。带有苦味和泥土味的种皮可以在泡胀后剥掉。无须丢掉分离剩下的固体物质——不妨将其干燥、冷藏、用来烹饪。

腰果奶

140克无盐生腰果
750毫升水，用于浸泡
1升水，用于搅拌混合

1.将腰果浸泡3小时。
2.沥干水分，把水倒掉。
3.将腰果和1升干净淡水倒入搅拌机搅拌，直至混合物变得均匀顺滑。
4.混合物过筛（使用有机棉布或细筛网），尽可能挤干水分。
5.液体装瓶，然后冷藏，4天内饮用完毕。

椰奶

1升水
175克未加糖椰丝

1.烧水至95℃左右。将热水和椰丝倒入搅拌机搅拌，直至混合物变得均匀顺滑。
2.混合物过筛（使用有机棉布或细筛网），尽可能挤干水分。
3.液体装瓶，然后冷藏，4天内饮用完毕。

坚果奶

140克生杏仁、生榛子、生夏威夷果、生山核桃、生核桃或生巴西栗（均应无盐）
750毫升水，用于浸泡
1升水，用于搅拌混合

1.将坚果浸泡12小时。沥干水分，把水倒掉。
2.剥掉或保留发胀的种皮，将坚果和1升干净淡水倒入搅拌机搅拌，直至混合物变得均匀顺滑。
3.混合物过筛（使用有机棉布或细筛网），尽可能挤干水分。
4.液体装瓶，然后冷藏，4天内饮用完毕。

大米奶

1升水
200克煮熟的精米或糙米

1.将大米和水倒入搅拌机搅拌，直至混合物变得均匀顺滑。
2.混合物过筛（使用有机棉布或细筛网），尽可能挤干水分。
3.液体装瓶，然后冷藏，4天内饮用完毕。

葵花籽奶

140克无盐生葵花籽
750毫升水，用于浸泡
0.25茶匙肉桂粉（可选）
1升水，用于搅拌混合

1.将葵花籽浸泡12小时。沥干水分，把水倒掉。
2.将葵花籽、肉桂粉（如选择使用）和1升干净淡水倒入搅拌机搅拌，直至混合物变得均匀顺滑。
3.混合物过筛（使用有机棉布或细筛网），尽可能挤干水分。
4.液体装瓶，然后冷藏，4天内饮用完毕。

藜麦奶

200克煮熟的藜麦
750毫升水
1茶匙椰子糖（可选）

1.将藜麦和水倒入搅拌机搅拌，直至混合物变得均匀顺滑。
2.混合物过筛（使用有机棉布或细筛网），尽可能挤干水分。加入椰子糖（如选择使用），再次搅拌。
3.液体装瓶，然后冷藏，4天内饮用完毕。

果渣

如果有些果渣从细筛网中漏出，可静置一阵，待果渣沉底。

麻仁奶

1升水
85克去壳麻仁
3颗红枣（可选）
一撮盐（可选）

1.将麻仁、水和红枣（增甜）或盐倒入搅拌机搅拌，直至混合物变得均匀顺滑。
2.混合物过筛（使用有机棉布或细筛网），尽可能挤干水分。
3.液体装瓶，然后冷藏，4天内饮用完毕。

豆奶

100克黄豆
750毫升水，用于浸泡
1升水，用于搅拌混合
2厘米香草荚（可选）

1.将黄豆浸泡12小时。
2.沥干水分，把水倒掉。冲洗黄豆，剥掉外皮。
3.将黄豆和1升干净淡水倒入搅拌机搅拌，直至混合物变得均匀顺滑。
4.混合物过筛（使用有机棉布或细筛网），尽可能挤干水分。
5.在液体中加入香草荚（如选择使用）煮沸，然后再煮20分钟关火，过程中应持续搅拌。
6.待其冷却后装瓶，然后冷藏，4天内饮用完毕。

拉花艺术

打发的奶液不仅要顺滑和拥有绵密的奶泡，还应传达出美感！拉花需要勤学苦练，一旦掌握，则会为咖啡增光添彩。心形拉花是许多进阶图案的基础，请以此为原点踏上你的拉花之路吧！

心形

心形拉花需要稍微厚点的奶泡，所以这种图案也适合点缀卡布奇诺。

1 首先，缸嘴对准咖啡油脂层的中心，从咖啡杯上方5厘米处注入打发绵密的奶液，让油脂上浮，撑开“画布”。

2 大约注满半杯时，快速放低拉花缸，同时继续往中心位置注入奶液，这时会看到一圈乳白色的泡沫在液面散开。

3 杯子快注满时，再次提起拉花缸，向前收出一条直线，用流动的奶液拉出心形。

专业拉花技巧

如果注入奶液时缸嘴离液面太远，咖啡油脂会被抬高，让表面留下一小块白色泡沫。反之，如果缸嘴离液面太近，倒出的白色泡沫会完全盖住咖啡油脂。如果注入奶液的速度太慢，则无法完成拉花动作。如果速度太快，咖啡油脂和奶液则很难完美融合。练习时可选用 500 毫升的拉花缸和大号咖啡杯，直至找到最合适的注入高度和速度。

树叶形

树叶形拉花常见于拿铁咖啡和澳白咖啡，需要稍微轻薄一点的奶泡。

1 首先根据心形拉花步骤1（参见第58页）倒入奶液。大约注满半杯时，快速放低拉花缸，使缸嘴靠近杯口。手腕像“钟摆”一样，轻轻地左右晃动拉花缸。

2 让奶液以“Z”字形注入。杯子快注满时，拉花缸开始向后退，减小摆动幅度。

3 绘制完“Z”字形图案后，拉花缸上提，向前收出一条直线。

注入前不停旋动拉花缸，以防止奶液和奶泡分层。

小贴士

有人既喜欢拉出心形、树叶形和郁金香形等图案带来的自由畅快感，也以勾花为乐。勾花是指用勾花针在厚厚的奶沫上作图，也需要创意设计，如第61页的“一箭穿心”。

郁金香形

郁金香形是进阶版心形（参见第58页），需要掌握“停顿再注入”技巧。

1 首先根据心形拉花步骤1倒入奶液，在中心点出一块白色圆形图案。

2 停止注入，然后在第一个注入点后1厘米处再次注入，小心地向前移动拉花缸，让奶泡流出，将第一个压纹推向杯沿，形成月牙形。

3 重复此步骤，直到拉出足够多的“树叶形”图案。最后在顶端拉一颗心，向前收出一条直线，像茎一般串起所有叶片。

复杂图案　在简单图案的基础上发挥创造（左上方起，顺时针方向）：多层郁金香，一箭穿心，天鹅，双层心形

低因咖啡

关于普通咖啡和低因咖啡对健康的利弊众说纷纭。对于不想过度摄取咖啡因的咖啡爱好者和品鉴者而言，替代选项颇多。

咖啡因是否有害健康?

咖啡因是一种嘌呤生物碱和化合物，没有气味、略微泛苦，提纯后是一种剧毒白色粉末。天然存在于咖啡中、可萃取出的咖啡因是一种常见的兴奋剂，一旦被人体摄入，将快速影响中枢神经系统，也会被快速排出体外。咖啡因的功效因人而异。它能促进新陈代谢，减轻疲劳感，但也容易引起神经紧张。摄入者的性别、体重、基因遗传和病史都会影响咖啡因的作用效果——它可以是有益的兴奋剂，也可能造成不同程度的不适感，所以弄清楚咖啡因对自身状态和健康的影响至关重要。

低因咖啡豆和普通咖啡豆的差别是什么?

低因生豆呈深绿色或棕色。可以明显看到，低因生豆较普通生豆色调更暗，但烘焙后颜色差别不大。低因生豆的细胞结构更脆，浅烘后，表面显现油脂的光泽。低因生豆看起来更平滑，或者说颜色更均匀。

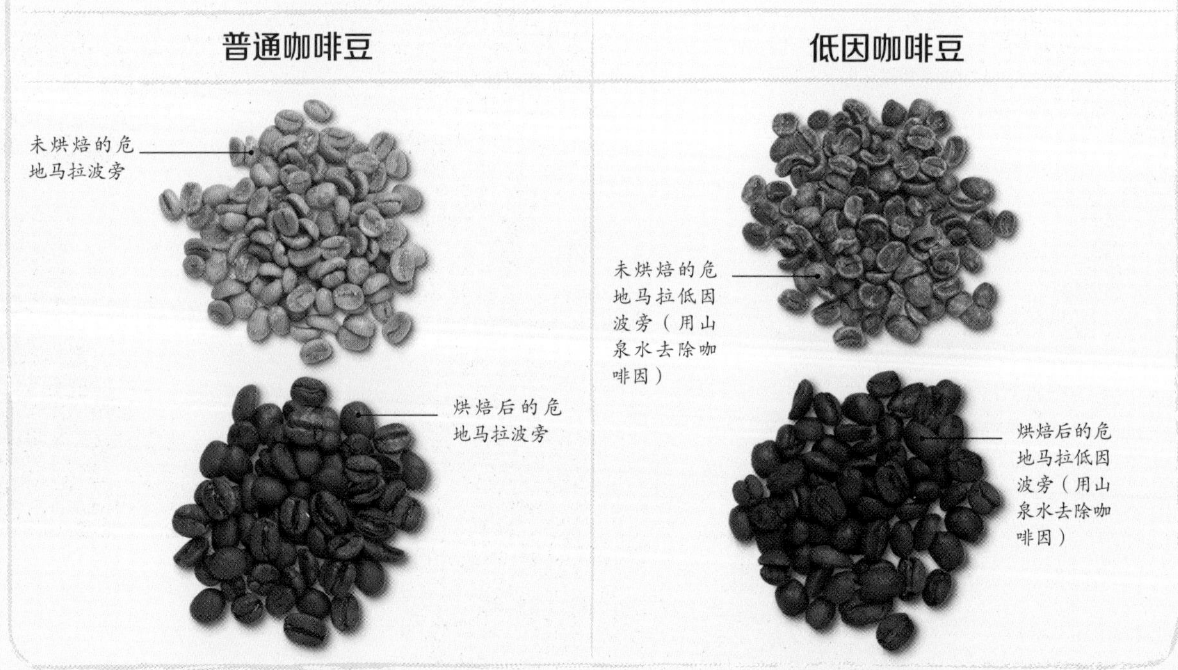

低因咖啡的真相

低因咖啡在大部分商店和咖啡馆有售。其咖啡因去除率通常达 90% ~ 99%，剩下的咖啡因含量不如红茶的高，和热巧克力的差不多。可目前大部分低因咖啡用陈旧低劣的生豆制成，通常借助深烘来掩盖其不好的味道。其实，上等的新鲜生豆，如能精心烘焙，即使去除咖啡因，风味也不会折损。这样的低因咖啡和普通咖啡风味无差，饮用者不仅能享受美味，还不用担心咖啡因带来的不良反应。

科学性

去除咖啡因的方法很多，包括溶剂处理法和其他自然处理法。低因咖啡豆的标签上会注明处理法信息。

溶剂处理法

这种处理法通过水蒸或热水浸泡打开咖啡豆的细胞结构，然后用乙酸乙酯和二氯甲烷洗去咖啡豆和浸泡用水中的咖啡因。这些溶剂针对性不强，有时会连带去除咖啡里的有益成分。这种处理法可能会破坏咖啡豆的结构，让之后的储存和烘焙更加困难。

瑞士水处理法

这种处理法通过水浸泡打开咖啡豆的细胞结构，然后用生豆的水基提取物（生豆化合物制成的饱和水）洗出咖啡因。将提取物通过碳过滤以去除咖啡因，而后重复使用，直到咖啡因去除率达到要求。这种处理法未添加化学成分，对豆子温和，也能留住大部分天然风味。

山泉水处理法的操作过程与之类似，使用的是产自墨西哥奥里萨巴山（Pico de Orizaba）的泉水。

二氧化碳超临界处理法

在低温和一定的压力环境下，用液态二氧化碳（CO_2）萃取出咖啡豆细胞中的咖啡因。这种处理法几乎不会改变豆子成分，从而对风味影响甚小。滤掉或蒸发掉咖啡因后的二氧化碳能重复使用。这种处理法能保留咖啡豆中的自然风味，不添加化学成分，温和不刺激，被认为是天然有机的方法。

二氧化碳超临界处理法脱因的生豆

经过处理的咖啡豆平滑有光泽，呈深绿色。

世界咖啡地图

咖啡一般生长于南北回归线之间，但也有少数例外，比如它们也出现在尼泊尔和澳大利亚部分地区。世界上约 100 个国家和地区有条件也确实在种植咖啡，不过名声在外的咖啡出产国只有 60 个左右。虽然各地培育的咖啡品种普遍单一（主要是阿拉比卡种和罗布斯塔种），其风味却变化万千，令人称奇。咖啡的发展史也很悠久。如今，在面临重重挑战和巨大机遇的同时，咖啡可以在促进社会公平和改善地球生态方面发挥关键作用。虽然时常受到误解和低估，但咖啡起到了联系世界各地的纽带作用，这一点让其他饮品望尘莫及。

世界咖啡地图

非洲

埃塞俄比亚

埃塞俄比亚的原生种与变种丰富多样，呈现出的独特风味也自然变化多端。总体而言，埃塞俄比亚咖啡以优雅而特别的花香、草本和柑橘调而著称。

埃塞俄比亚被誉为阿拉比卡咖啡的发源地，但最新研究表明，南苏丹也有资格争夺这一称谓。埃塞俄比亚的咖啡庄园（它们一般被称为咖啡园、咖啡林、半咖啡林或咖啡种植园）不算多，但其咖啡从业者达1500万人左右，填满了从采摘到出口的整个过程。当地咖啡生长于野外，主要由自给农户加工处理，一年只销售几个月。

埃塞俄比亚拥有其他地方不可匹敌的咖啡种群多样性，甚至还有许多咖啡种与变种未得到鉴定。当地摩卡、瑰夏等原生种混杂生长，所以埃塞俄比亚生产的咖啡豆在尺寸形状上不太一致。

埃塞俄比亚的野生咖啡树种可能是解开咖啡生长和基因之谜的关键，但其生存在气候变化的影响下变得岌岌可危。当地巨大的原生种基因库掌握着全球咖啡的未来。

埃塞俄比亚咖啡 关键数据

全球市场占比 4.5%

产季 10—12月

处理法 水洗，日晒

主要品种 阿拉比卡，埃塞俄比亚原生种变种

全球咖啡生产国排名 第5位

未成熟的咖啡果实

到了产季（参见第16～17页），咖农一周采收一次、两次或三次。

拉卡姆蒂、沃利嘎和金比

这些地区生产水洗豆和日晒豆。其顶级咖啡豆一般比西达摩和耶加雪菲质地更饱满、味道更甜、风格更狂野。

利姆和吉玛

该产区出口的水洗豆称为“利姆”，日晒豆称为“吉玛”。这些咖啡豆总体较西达摩温和，风味多样。

西达摩

林木葱郁的西达摩地区地形多变，生产的咖啡风味丰富，有些是水果和柑橘调性，有些带有坚果味和草本味。

耶加雪菲

西达摩产区的这一小片地域出产部分品质最上乘的埃塞俄比亚咖啡。耶加雪菲一般带有明亮的柠檬调性，质地轻盈，甜度均衡。

哈勒尔

该地区几乎和沙漠一样干燥炎热。当地生产的咖啡一般带有泥土味。最上等的咖啡豆具有蓝莓和水果风味。几乎所有哈勒尔咖啡都是日晒豆。

肯尼亚

肯尼亚有世界上最馥郁、酸质最显著的咖啡豆。各个地区的咖啡在风味上有细微差别，但大多呈现复杂的水果和莓果调性、柑橘酸味及浓郁多汁的口感。

在肯尼亚，面积达15公顷及以上的咖啡庄园只有330座左右。一半以上的咖啡生产者人均只持有几公顷的土地。这类小农户被划分到各个合作社的下属工厂，每家工厂从成百上千的咖农手中收购咖啡果实。

肯尼亚主要栽种阿拉比卡咖啡，特别是SL、K7和鲁伊鲁变种。大多咖啡豆经水洗处理用于出口（参见第20～21页），少数精品日晒豆专供国内。大部分咖啡豆经处理后，将在每周开放一次的拍卖系统上交易。提前一周得到样品豆的出口商会在系统上参与竞价。这套系统也会受商品市场波动的影响，但高品质总会得到高成交价的认可，以此激励咖农改进农业规范和咖啡品质。

本地知识

肯尼亚人正在对大量的野生阿拉比卡树和少量出现在马萨比特森林中的其他8种野生茜草科树种进行研究。

肯尼亚咖啡 关键数据

全球市场占比 0.52%

产季 主产季10—12月；副产季4—6月

处理法 水洗，少量日晒

主要品种 阿拉比卡SL 28、SL 34、K7、鲁伊鲁11、巴蒂安

全球咖啡生产国排名 第18位

肯尼亚特有的红土

肯尼亚的红色黏壤土富含铝元素和铁元素，为咖啡赋予了独特风味。

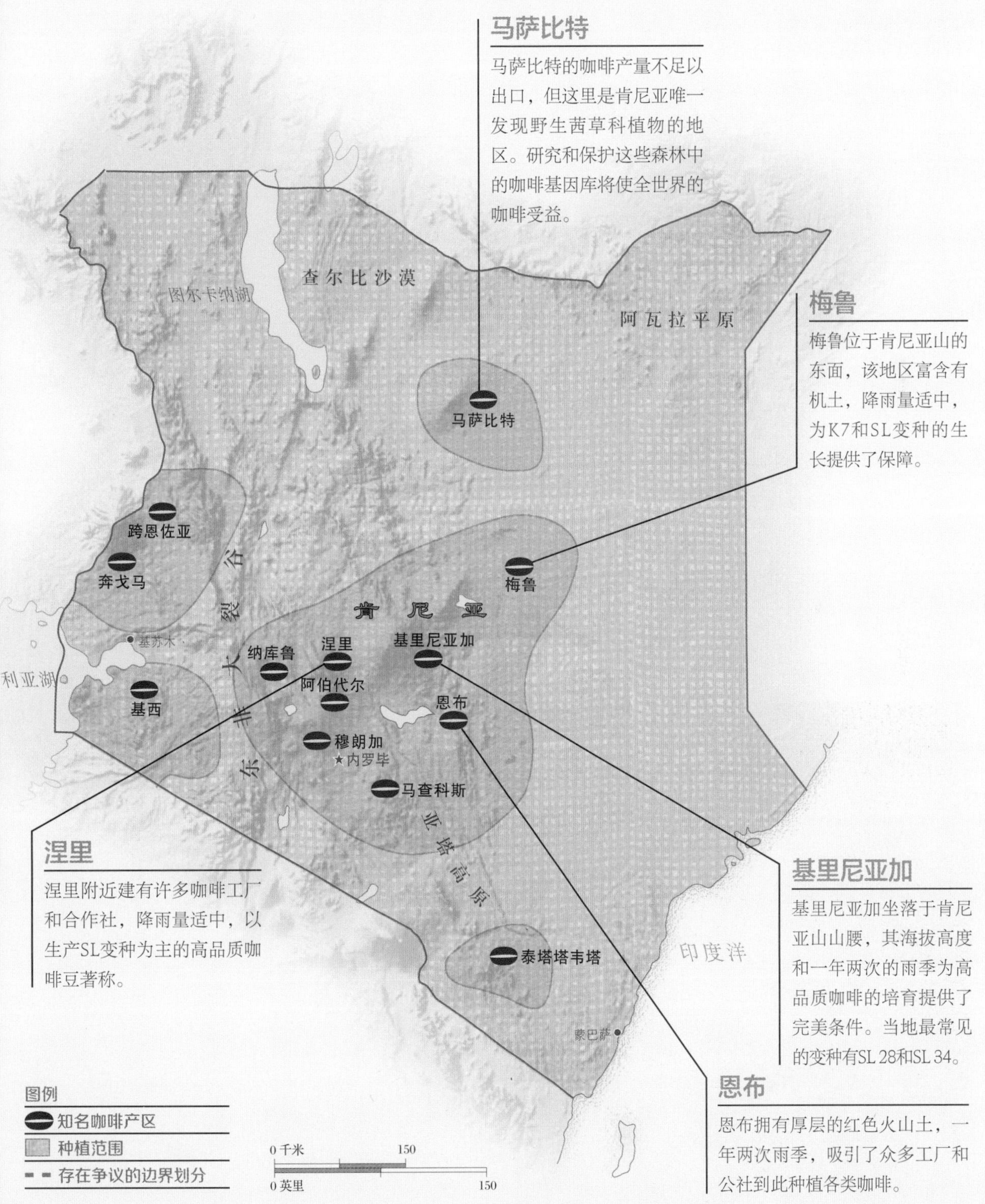

马萨比特

马萨比特的咖啡产量不足以出口，但这里是肯尼亚唯一发现野生茜草科植物的地区。研究和保护这些森林中的咖啡基因库将使全世界的咖啡受益。

梅鲁

梅鲁位于肯尼亚山的东面，该地区富含有机土，降雨量适中，为K7和SL变种的生长提供了保障。

涅里

涅里附近建有许多咖啡工厂和合作社，降雨量适中，以生产SL变种为主的高品质咖啡豆著称。

基里尼亚加

基里尼亚加坐落于肯尼亚山山腰，其海拔高度和一年两次的雨季为高品质咖啡的培育提供了完美条件。当地最常见的变种有SL 28和SL 34。

恩布

恩布拥有厚层的红色火山土，一年两次雨季，吸引了众多工厂和公社到此种植各类咖啡。

坦桑尼亚

坦桑尼亚的咖啡在风味上走向了两个极端，一头是维多利亚湖附近出产的日晒罗布斯塔和阿拉比卡，醇厚且甜度高，另一头是其他地区生产的水洗阿拉比卡，带有明亮的柑橘和莓果调性。

1898年，天主教传教士将咖啡带到坦桑尼亚。如今，该国主要种植的豆种是阿拉比卡，包括波旁、肯特、尼亚萨和著名的蓝山，也出产少量罗布斯塔。当地的咖啡产量波幅大，2014—2015年为75.3万袋，2018—2019年增至117.5万袋。咖啡为坦桑尼亚贡献了20%的外汇。当地的咖啡种植业面临极大挑战，如商品价格低、缺乏从业者培训和设备，此外，单株咖啡树的产量也很低。守着自家一亩三分地的小农户几乎包揽了该国的咖啡种植业务。从事咖啡种植的农户约有45万家，整个咖啡行业大概有250万从业者。

和其他某些非洲国家一样，坦桑尼亚主要用拍卖的方式销售咖啡，此外，也开放了窗口让买家和出口商直接对接，可确保售价与质量匹配，以及生产的持久良性循环。

坦桑尼亚咖啡 关键数据

全球市场占比 0.56%

产季 阿拉比卡 7月—次年2月；罗布斯塔 4—12月

处理法 阿拉比卡 水洗，罗布斯塔 日晒

主要品种 70%阿拉比卡（波旁、肯特、尼亚萨和蓝山）；30%罗布斯塔

全球咖啡生产国排名 第16位

成熟中的咖啡果实

咖啡果实的成熟期各不相同。采收者分多次采集，每次只收取成熟的果实。

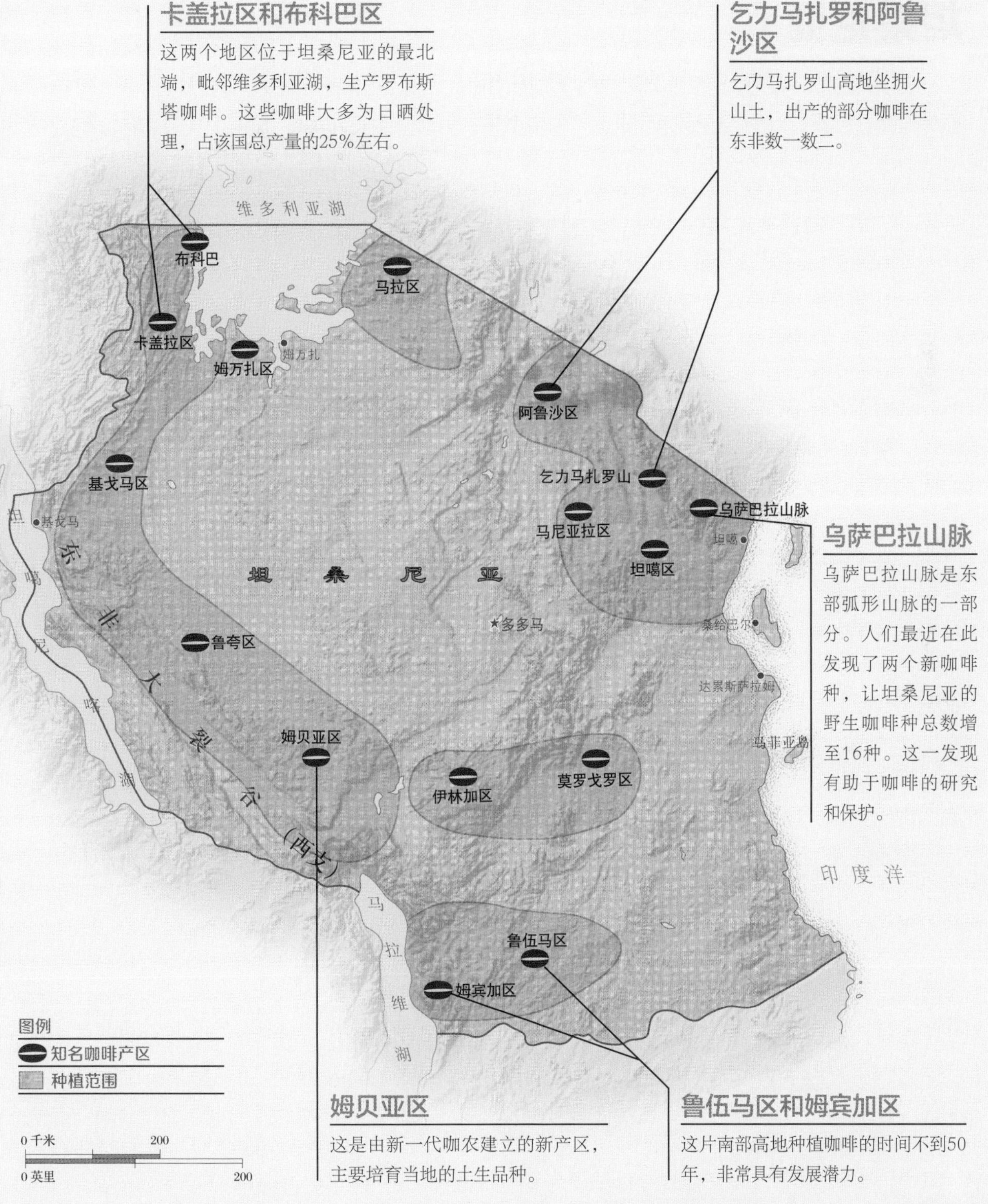

卡盖拉区和布科巴区

这两个地区位于坦桑尼亚的最北端，毗邻维多利亚湖，生产罗布斯塔咖啡。这些咖啡大多为日晒处理，占该国总产量的25%左右。

乞力马扎罗和阿鲁沙区

乞力马扎罗山高地坐拥火山土，出产的部分咖啡在东非数一数二。

乌萨巴拉山脉

乌萨巴拉山脉是东部弧形山脉的一部分。人们最近在此发现了两个新咖啡种，让坦桑尼亚的野生咖啡种总数增至16种。这一发现有助于咖啡的研究和保护。

姆贝亚区

这是由新一代咖农建立的新产区，主要培育当地的土生品种。

鲁伍马区和姆宾加区

这片南部高地种植咖啡的时间不到50年，非常具有发展潜力。

卢旺达

卢旺达的咖啡在东非独树一帜，其质地最软、甜度最高、花香最突出，加之口感均衡，迅速赢得了全球咖啡爱好者的芳心。

卢旺达的第一棵咖啡树于 1904 年被种下，咖啡出口则始于 1917 年。高海拔和平稳的降雨量为优质咖啡的培育创造了条件。

该国一半的出口收入得益于咖啡行业，于是中央政府近来已将咖啡视作改善社会经济条件的利器。加工站在全国各地涌现，为 50 万小农户提供了资源和培训便利。

卢旺达咖啡深受“马铃薯味觉缺陷”的困扰。染上这种病菌的咖啡豆品闻起来有生土豆味。不过，卢旺达咖啡大多来自波旁老树，又受到高海拔及肥沃土壤的庇佑，因此在市场上很有竞争力。

北部省

北部省南部地区出产的咖啡在柑橘、核果和焦糖风味的衬托下，显得均衡甘甜。

西部省

卢旺达一些最著名的加工站就位于基伍湖旁的西部省地区，它们总能生产出风味多变、带花香、优雅饱满的上乘咖啡。

卢旺达咖啡 关键数据

全球市场占比 0.16%

产季 阿拉比卡 3—8月；罗布斯塔 5—6月

处理法 水洗，部分日晒

主要品种 99%阿拉比卡（波旁、卡杜拉和卡杜艾）；1%罗布斯塔

全球咖啡生产国排名 第29位

东部平原

艾希玛湖

达

东部省

卡布加

赞布韦湖

鲁韦鲁湖

未成熟的阿拉比卡咖啡果实
卢旺达的采收者手工摘取成熟的咖啡果实。

南部省

卢旺达南部省高海拔地区出产的咖啡富含经典的花香或柑橘风味，口感细腻，微妙而甘甜。

东部省

卢旺达的东南角有一小批加工站和农场，其生产处理的咖啡具有浓郁的巧克力味和森林水果调性，因此声名鹊起。

图例

知名咖啡产区

种植范围

0 千米 20

0 英里 20

科特迪瓦

科特迪瓦生产的上等品质咖啡展现出层次丰富的黑巧克力、坚果和烟草调性。科特迪瓦主要生产罗布斯塔。

1960 年，曾为法国殖民地的科特迪瓦正式宣布独立。新总统希望本国能培育出甜度更高、苦味更低且更柔和的咖啡。于是，研究人员将罗布斯塔和阿拉比卡进行杂交，培育出了阿拉布斯塔种，绰号“总统咖啡”。虽然阿拉布斯塔的口味得到改良，但培育期更长、产量更低且花费的精力也更多，因此咖农并不太买单。只有少数小农户拥护这一新豆种。

科特迪瓦曾是世界第三大咖啡生产国，仅次于巴西和哥伦比亚。咖啡也是科特迪瓦的第二大出口商品，但巴西和越南早就在出口总量上超过了该国。科特迪瓦的咖啡生产总量在 2000 年达到了峰值，但此后因缺乏投资和两次内战的爆发而显著下滑。近期，该国为实施咖农培训计划投入了更多款项。科特迪瓦国民不怎么喜欢偏苦的咖啡，因此曾一度濒危的阿拉布斯塔可能会赢得他们的芳心。

马恩

又名“总统咖啡”的杂交种阿拉布斯塔离不开凉爽的气候和高海拔，所以主要聚集在山地区的马恩附近。

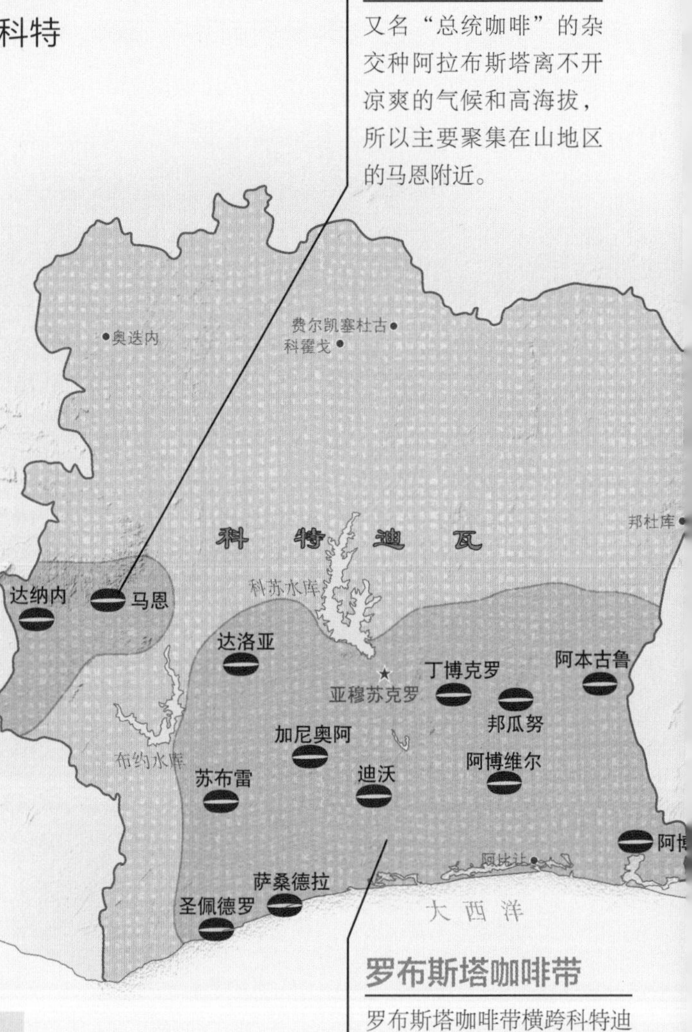

罗布斯塔咖啡带

罗布斯塔咖啡带横跨科特迪瓦南部，上至东部的阿本古鲁，下至西部的达纳内，一直延伸到大西洋沿岸。

科特迪瓦咖啡 关键数据

全球市场占比 1.08%

产季 11月—次年4月

处理法 日晒

主要品种 罗布斯塔；阿拉布斯塔

全球咖啡生产国排名 第14位

刚果民主共和国

刚果民主共和国 [简称刚果（金）] 正在重建咖啡产业，如今已培育出能在世界名列前茅的咖啡。它们浓郁且醇厚，带有莓果、香料和巧克力调性，在此方面，刚果（金）与非洲的老牌咖啡强国不相上下。

比利时的殖民者在刚果（金）建立起首批大型的咖啡种植园。刚果（金）的咖啡产业也曾欣欣向荣，但自 20 世纪 90 年代初期开始直线下滑。

2012 年，该国实施了一项恢复计划，意图将咖啡产量恢复到 20 世纪 80 年代的水平。在政府、非政府组织和私营企业的共同努力下，该计划在刚果（金）的数个省份得到推行且取得了佳绩。

刚果（金）的咖啡产业已经翻开了新的篇章。过去几十年，刚果（金）人民饱经剥削和暴力带来的苦难，目前已将发展咖啡产业视为自我疗愈之法。

刚果（金） 关键数据

全球市场占比 0.22%

产季 10月一次年5月

处理法 水洗，日晒

主要品种 罗布斯塔；阿拉比卡（波旁）

全球咖啡生产国排名 第27位

北部省份

下韦莱省、上韦莱省和乔波河等北部省份推出了提振罗布斯塔产量的计划。

西部省份

克维卢、宽果和马伊恩东贝等西部省份正在鼓励咖农种植更多阿拉比卡咖啡树。

南基伍省

南基伍省尚存众多古老的阿拉比卡咖啡庄园。

布隆迪

布隆迪咖啡的风味多变，既有柔和、花香和香甜的柑橘调性，也有巧克力和坚果调性，还有少数咖啡具有独特的地方性风味轮廓。风味的多样性激起了精品咖啡公司的兴趣。

布隆迪自20世纪30年代起种植咖啡，花了不少时间才让其风味优越的咖啡进入鉴赏家的法眼。该国咖啡业受制于政治不稳定性和气候，且布隆迪处于内陆，咖啡在出口途中容易遭受颠簸，让品质大打折扣。

除某些小片区域生产罗布斯塔外，布隆迪主要种植阿拉比卡，包括水洗波旁、杰克森或米比利齐。因为该国未提供化学肥料或农药的研发生产资金，所以咖啡主要为有机培育。布隆迪有60万小农户。每户拥有200 ~ 300株咖啡树，通常同时种植其他粮食作物或饲养家畜。咖农将采收的咖啡果实送往加工站（参见右图）。这些加工站隶属于各家合作社（Sogestal），即负责运输和商业板块的管理公司。

咖啡容易染上“马铃薯味觉缺陷”（参见第74页），但当地研究人员力争缓解这一问题。

布隆迪咖啡 关键数据

全球市场占比 0.14%

产季 2—6月

处理法 水洗

主要品种 96%阿拉比卡（波旁、杰克逊和米比利齐）；4%罗布斯塔

全球咖啡生产国排名 第30位

波旁咖啡果实

布隆迪主要种植波旁，该品种曾被法国传教士引进留尼汪岛。

卡扬扎

卡扬扎地区位于布隆迪北部，靠近该国与卢旺达的边界。该地有生产上乘咖啡豆的传统。

花期中的阿拉比卡

布隆迪的咖啡树花期在6—8月。

基里米罗

这片区域靠近布隆迪中心的基特加，负责此地的合作社拥有布隆迪海拔最高的几座加工站。

穆米尔瓦

此合作社位于布隆迪西部、库姆加鲁罗山区及基比拉国家公园西南部。高海拔为咖啡种植提供了完美的条件。

乌干达

罗布斯塔原产于乌干达，该国某些地区尚能找到野生的罗布斯塔。鉴于此，乌干达成为罗布斯塔咖啡的第二大出口国也在情理之中。

20 世纪初，阿拉比卡被引入乌干达，如今大部分生长于埃尔贡山山麓。约 300 万户家庭的收入来自咖啡行业。乌干达种植的阿拉比卡包括铁皮卡和 SL 变种。

不论是阿拉比卡还是罗布斯塔，新的生产和处理实践都有助于提升咖啡品质。罗布斯塔一般被认为劣于阿拉比卡，通常生长于低地。乌干达的罗布斯塔生长于海拔高度为 1500 米的地区，使用水洗处理，而非日晒（参见第 20 ~ 21 页）。品质提升意味着咖农的良好农业实践得到回报。

布吉苏

布吉苏和埃尔贡山的小型咖啡庄园坐落在1600 ~ 1900米的海拔高度，生产醇厚度高、带甘甜巧克力风味的水洗阿拉比卡。

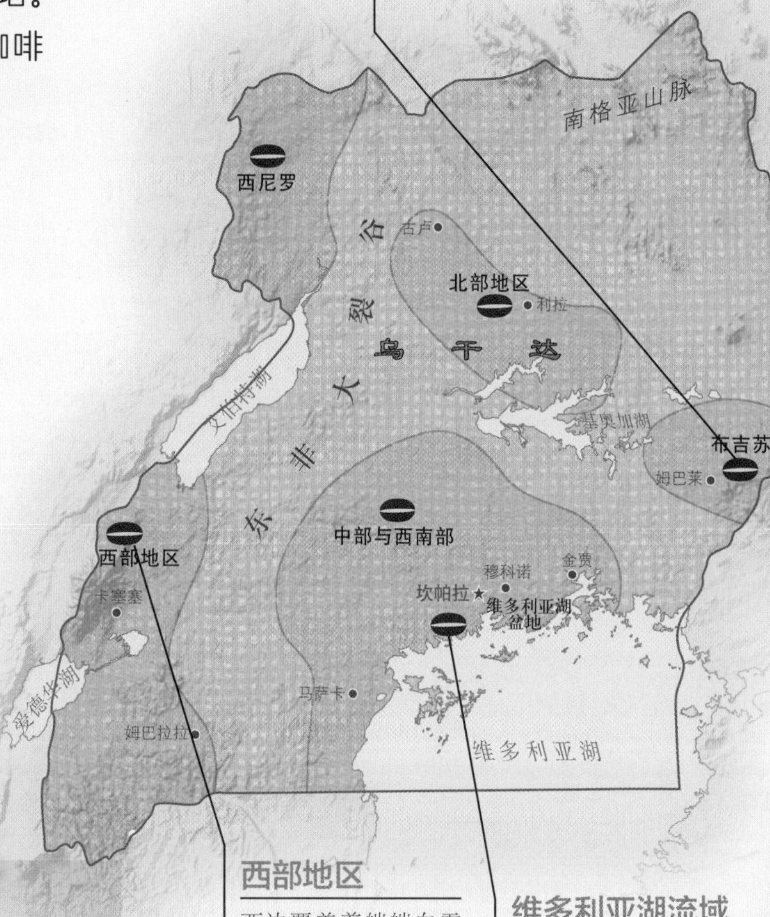

西部地区

西边覆盖着皑皑白雪的鲁文佐里山脉盛产日晒阿拉比卡豆，称为“Drugars”。这些咖啡带有发酵味和水果调性，酸质宜人。

维多利亚湖流域

罗布斯塔在富含黏土的肥沃土壤中长势良好，因此维多利亚湖流域的周边地区非常适合栽培。高海拔还有助于提升酸质和风味的复杂性。

乌干达咖啡 关键数据

全球市场占比 2.7%

产季 阿拉比卡 10月—次年2月；罗布斯塔 整年，旺季11月—次年2月

处理法 水洗，日晒

主要品种 80%罗布斯塔；20%阿拉比卡（铁皮卡、SL 14、SL 28和肯特）

全球咖啡生产国排名 第8位

图例

知名咖啡产区

种植范围

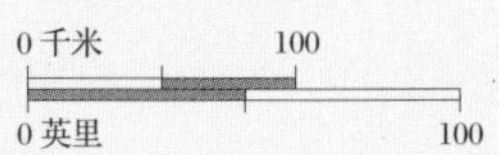

马拉维

位于东非的马拉维是世界上最小的咖啡生产国之一，其咖啡以微妙的风味和花香调性引发众人关注。

1891 年，英国人将咖啡引进马拉维。该国栽培的阿拉比卡变种比较独特，主要是瑰夏和卡蒂姆，还有一些阿加罗、新世界、波旁和蓝山。肯尼亚 SL 28 也得到培育，为马拉维的精品咖啡行业注入更多活力。

与其他非洲国家不同，马拉维为防止水土流失，将许多咖啡树种植在梯田里。该国平均每年生产 2 万袋咖啡，但国内的消耗量极低。马拉维的咖啡小农约有 50 万户。

密苏库山脉

该地区海拔高度为1700～2000米，生产的部分咖啡在国内拔尖。该地区靠近松威河，因此降雨量和温度稳定。

福卡山

利文斯敦尼亚的咖啡生长在尼卡国家公园高原和奇伦巴湾之间的福卡山上，种植区域海拔高度为1700米。其味道甘甜精妙，带有些许花香。

恩卡塔贝高地

恩卡塔贝高地位于姆祖祖东南部和西南部，最大海拔高度为2000米，炎热多雨。该地生产的某些咖啡味道接近埃塞俄比亚的豆子。

密苏库山脉
卡龙加
福卡山
姆祖祖
马拉维湖
恩卡塔贝高地
北维菲亚
姆津巴东南
卡松古
马 拉 维
利隆圭
奇波卡
马隆贝湖
松巴
松巴
奇尔瓦湖
奇拉祖卢高地
布兰太尔
索德高地

马拉维咖啡 关键数据

全球市场占比 0.01%

产季 6—10月

处理法 水洗

主要品种 阿拉比卡（阿加罗、瑰夏、卡蒂姆、新世界、波旁、蓝山和卡杜艾）

全球咖啡生产国排名 第48位

喀麦隆

喀麦隆主要生产醇厚度高，酸度低，带有可可、坚果和泥土芳香的罗布斯塔。

喀麦隆的咖啡种植史始于19世纪末的德国殖民时期。殖民者未大规模开发种植园，而是建立了区域性的试验圃。喀麦隆认为沿海地区和西部地区最适宜种植咖啡，于是从20世纪50年代开始正式扩大咖啡行业的规模。但到了20世纪90年代，政府削减了补助，推动了咖啡行业自由化，导致种植成本猛涨。许多咖农没办法保证利润，因此改种了其他更稳定的经济作物。

喀麦隆曾是世界上第八大咖啡生产国，如今面临诸多挑战，产量也严重下滑。政府为了推动咖啡行业的发展，鼓励全民喝咖啡。随着国内消费量增加，该行业确实将得到提振，农村地区也会得到急需的收入。

喀麦隆咖啡 关键数据

全球市场占比 0.23%

产季 10月—次年1月

处理法 水洗，半日晒，日晒

主要品种 罗布斯塔；阿拉比卡（爪哇和铁皮卡）

全球咖啡生产国排名 第26位

赞比亚

赞比亚咖啡由来自肯尼亚和坦桑尼亚的种子培育而来，酸甜兼备，风味可以从水果潘趣酒到花香，也可以从巧克力到焦糖，具有明显的东非咖啡的特色。

赞比亚直到20世纪50年代才开始种植咖啡。英国殖民者将波旁种子从肯尼亚和坦桑尼亚带到了赞比亚，并在卢萨卡周边建立了大型的咖啡庄园。此地适合栽种咖啡树，但条件并非最理想的。

1964年，赞比亚取得独立，继续发展咖啡行业。20世纪70年代，赞比亚集中精力寻找更合适的土壤和气候，逐渐将咖啡生产转移到北部省和穆钦加省。几年内，当地逾1000户小生产者已经接受了这种新作物。1985年，赞比亚首次出口咖啡。

赞比亚的咖啡产量时起时落，2003年达到了峰值11.9万袋，而2014年只有3000袋。随着公、私部门的注资，产量再次呈上升态势。

穆钦加省

穆钦加省和马芬加山的海拔高度为2300米，气候和土壤条件非常适合咖啡生长。

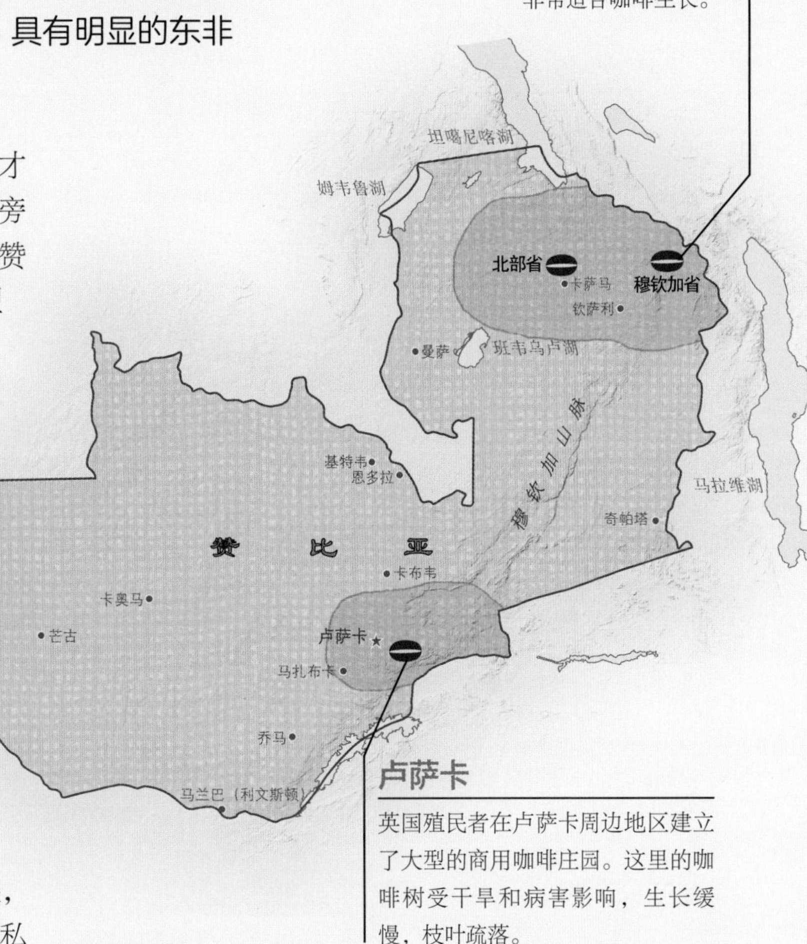

卢萨卡

英国殖民者在卢萨卡周边地区建立了大型的商用咖啡庄园。这里的咖啡树受干旱和病害影响，生长缓慢，枝叶疏落。

图例
知名咖啡产区
种植范围

0千米 200
0英里 200

赞比亚咖啡 关键数据

全球市场占比 0.01%

产季 6—10月

处理法 水洗，日晒，蜜处理

主要品种 阿拉比卡（波旁、卡蒂姆、卡斯蒂略和爪哇）

全球咖啡生产国排名 第52位

津巴布韦

20 世纪 60 年代，津巴布韦才实现了咖啡量产。津巴布韦的阿拉比卡咖啡以其柑橘调性、酒香和甘甜的特征而闻名。

19 世纪 90 年代，一些小型咖啡农场在津巴布韦拔地而起。但在其后的几十年中，咖啡树一直在病害和干旱的影响下艰难存活。20 世纪 60 年代和 90 年代，咖啡迎来了黄金生长期，又让从业者重拾乐观态度。

21 世纪初期，津巴布韦时局动荡、经济衰退，越来越多的激进分子因心怀不满，从白种人农场主手中夺回了农场和土地。大部分白种人商业农场主被迫离开。2013 年，咖啡产量跌至谷底，只有 7000 袋。

2017 年，新政府上台，咖啡行业看到了全新的活力和希望。私营部门和非政府组织对此行业表现出浓厚的兴趣，于是咖啡产区开始重新栽种咖啡。

洪德山谷

洪德山谷等越来越多的偏远地区正在迎来咖啡产业的复苏。2000年，这片土地上约有2000名咖农。目前仅300家小农户还在打理咖啡田。不过，预计在未来几年中，咖农数量会大大增加。

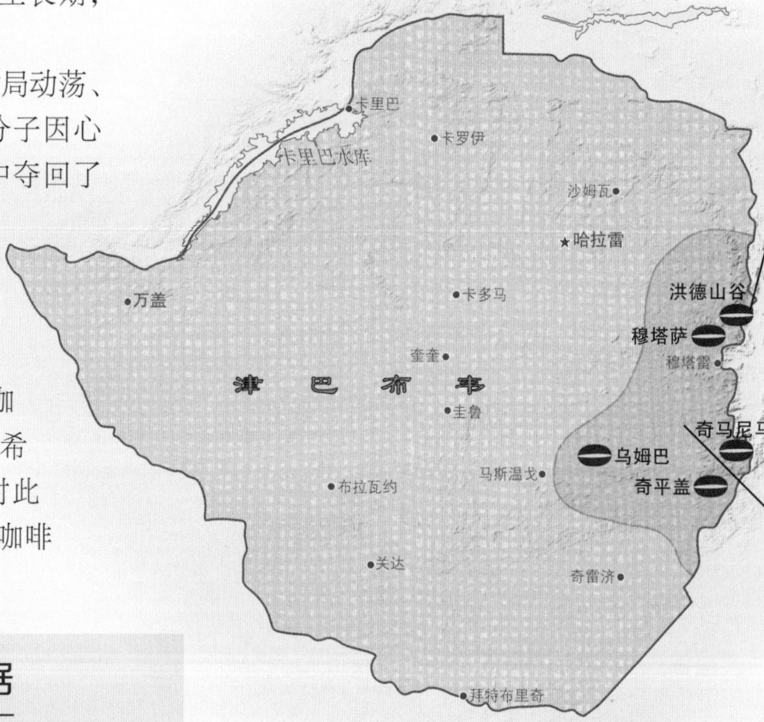

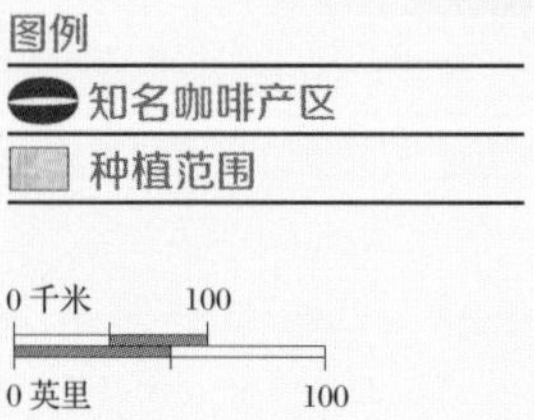

东部高地

津巴布韦的咖啡种植带沿东部高地而走，与莫桑比克接壤，包括南部的奇平盖和奇马尼马尼、偏西方向的乌姆巴、北部的洪德山谷和穆塔萨。

津巴布韦咖啡 关键数据

全球市场占比 0.01%

产季 6—10月

处理法 水洗

主要品种 阿拉比卡（卡蒂姆和卡杜拉）

全球咖啡生产国排名 第53位

马达加斯加

马达加斯加是一座极其稀有的咖啡种宝库，更多风味还有待探索。我们能接触到的马达加斯加咖啡具有诸多风格，包括泥土和太妃糖风味，以及柑橘和花香调性等。

岛国马达加斯加作为地球上生物多样性最为丰富的地方之一，拥有大量的野生咖啡种也不足为奇。在124个有记载的豆种中，马达加斯加独占50个以上。咖啡在其他地方基本属于单一作物，非常容易受到病虫害和气候变化的影响，而马达加斯加的生物多样性对咖啡而言则是独特而宝贵的基因资源。

60%的咖啡种濒临灭绝，野生阿拉比卡就是其中之一。保护野生咖啡种栖息地和提高种子库现存咖啡种数量的工作任重而迫切，这可能承载着咖啡的未来。

东北地区和中部地区

人们在东北地区和中部地区发现了少量阿拉比卡，其生长于马哈赞加区、上马齐亚特拉区和阿莫罗尼马尼亚区。

罗布斯塔种植区

岛上生产的咖啡约98%为罗布斯塔。在诺西贝岛、阿钦安阿纳雨林、上马齐亚特拉区和阿齐莫-安德列发娜区都可以找到罗布斯塔。

马达加斯加咖啡 关键数据

全球市场占比 0.29%

产季 5—10月

处理法 日晒，水洗

主要品种 罗布斯塔；阿拉比卡（铁皮卡、波旁和卡蒂姆）

全球咖啡生产国排名 第24位

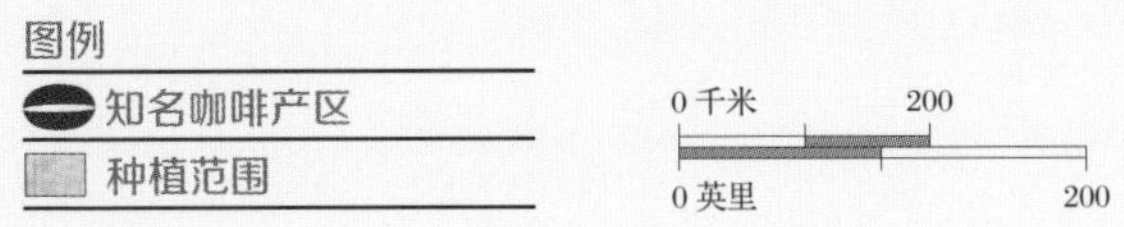

世界咖啡地图

印度尼西亚，亚洲和大洋洲

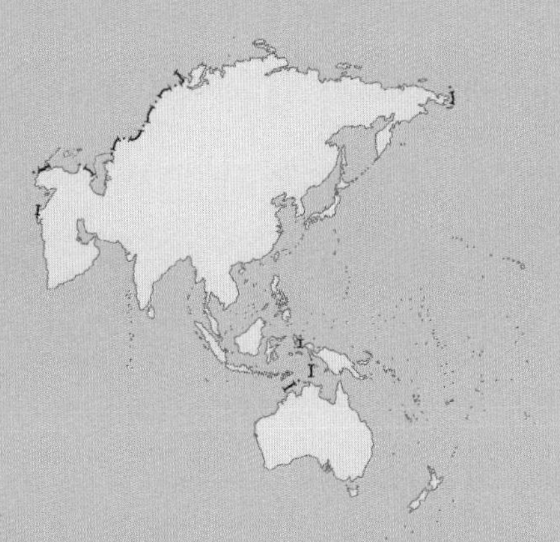

印度

印度的阿拉比卡和罗布斯塔酸度低且醇厚度高，非常适合制作意式浓缩咖啡。它们有一些特定的地区风味特质，而出口商希望可以发掘出更多特质。

印度的咖啡树栽种在遮阴环境下，通常靠近其他作物，如胡椒、小豆蔻、姜、柑橘、香草、香蕉、杧果和波罗蜜。到了收割季节，咖啡果实会经历水洗处理、日晒处理或印度特有的“季风处理”（参见右图）。

印度主要种植罗布斯塔，也种植少许阿拉比卡，包括卡蒂姆、肯特和 S 795 变种。印度约有 25 万咖农，几乎都是小农户。该国近 100 万人依赖咖啡谋生。罗布斯塔的采收期为一年两次，但根据气候条件的不同，采收时间可能前后相差数周。

在过去五年中，印度的咖啡年均产量在 570 万袋左右。约 80% 的印度咖啡用于出口，但越来越多的民众选择饮用国产咖啡。

传统的印度过滤咖啡由 3/4 的咖啡和 1/4 的菊苣冲煮而成，在全国广受欢迎。

本地技术

这种独特的季风处理法是指将咖啡果实暴露于炎热潮湿的气候和季风中，使其膨胀、褪色、风味产生变化。

印度咖啡 关键数据

全球市场占比 3.5%

产季 阿拉比卡10月—次年2月；罗布斯塔1—3月

处理法 日晒，水洗，半水洗，季风处理

主要品种 60%罗布斯塔；40%阿拉比卡（高韦里/卡蒂姆，肯特，S 795，精选4号、5B号、9号、10号，圣拉蒙，卡杜拉，德文马奇）

全球咖啡生产国排名 第7位

罗布斯塔咖啡果实

有时会用季风处理法加工采摘下来的印度罗布斯塔咖啡豆。

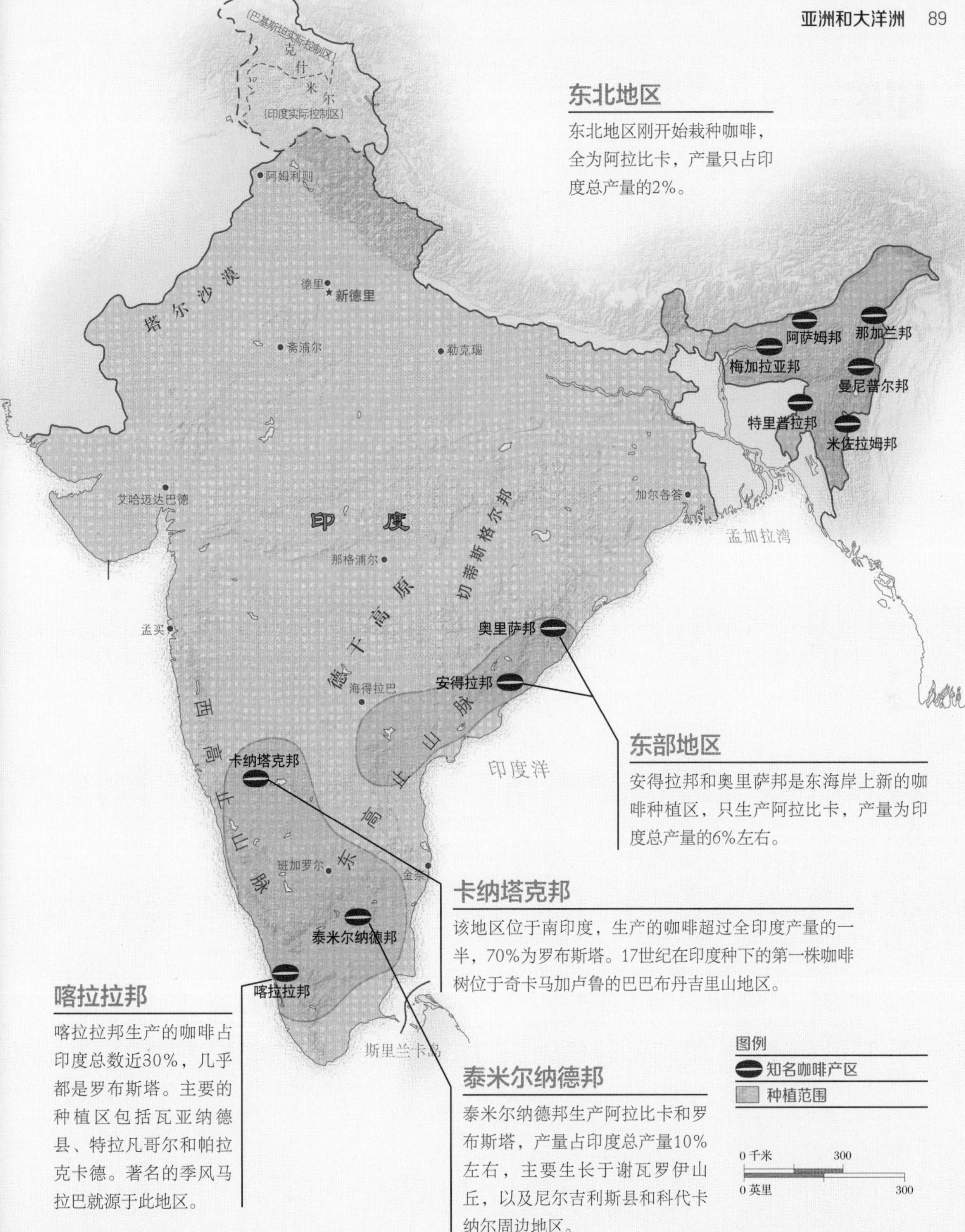

东北地区

东北地区刚开始栽种咖啡，全为阿拉比卡，产量只占印度总产量的2%。

东部地区

安得拉邦和奥里萨邦是东海岸上新的咖啡种植区，只生产阿拉比卡，产量为印度总产量的6%左右。

卡纳塔克邦

该地区位于南印度，生产的咖啡超过全印度产量的一半，70%为罗布斯塔。17世纪在印度种下的第一株咖啡树位于奇卡马加卢鲁的巴巴布丹吉里山地区。

喀拉拉邦

喀拉拉邦生产的咖啡占印度总数近30%，几乎都是罗布斯塔。主要的种植区包括瓦亚纳德县、特拉凡哥尔和帕拉克卡德。著名的季风马拉巴就源于此地区。

泰米尔纳德邦

泰米尔纳德邦生产阿拉比卡和罗布斯塔，产量占印度总产量10%左右，主要生长于谢瓦罗伊山丘，以及尼尔吉利斯县和科代卡纳尔周边地区。

斯里兰卡

新兴精品咖啡市场上的咖啡都可以追溯到野生的埃塞俄比亚变种，其展现出的花香和水果风味在其他地方罕有。

一般认为，摩尔商人于 16 世纪初将野生的埃塞俄比亚咖啡树从也门带到了斯里兰卡。18 世纪，荷兰入侵者带来了自己的咖啡树，首次尝试以有组织的方式生产咖啡，但基本上失败了。僧伽罗人开始在本地种植和售卖咖啡，保留了当地独特的咖啡树种多样性。

在这方面，英国人也进行了尝试，期望将咖啡变成可栽培的作物。19 世纪 60 年代，斯里兰卡成为三大咖啡生产国之一。但到了 19 世纪 80 年代，这个市场被咖啡叶锈病彻底摧毁了。

某些得到小农户庇佑的埃塞俄比亚变种生存了下来。这些小农户目前倾向于种植原生种变种，也在以可持续和环保的方式发展咖啡种植。

本地技术

有些国家会将香料和咖啡研磨混合后冲煮，斯里兰卡就是其中之一。当地人经常在家冲煮这种被称为斯里兰卡咖啡粉的饮品。

康提

19世纪20年代，英国人将他们的咖啡庄园搬到了康提区附近的甘诺鲁瓦和辛哈皮提亚的山坡。

努沃勒埃利耶

此地区的某些咖啡树树龄达150年。当地的精品咖啡行业受益于这些珍贵的生物资源正在快速崛起，不过规模较小，仅受到全球需求的推动。

图例
知名咖啡产区
种植范围

0 千米 50
0 英里 50

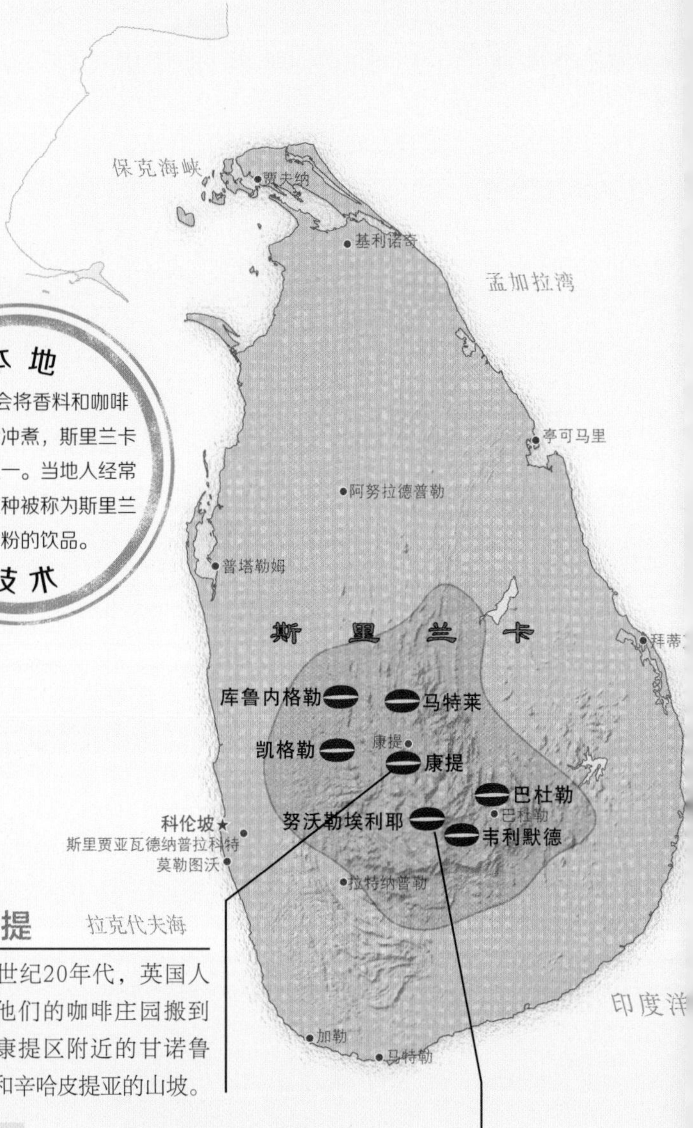

斯里兰卡咖啡 关键数据

全球市场占比 0.02%

产季 10月—次年3月

处理法 日晒，水洗

主要品种 罗布斯塔；阿拉比卡

全球咖啡生产国排名 第46位

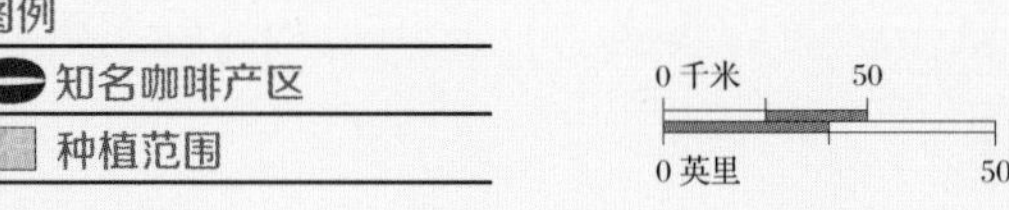

尼泊尔

尼泊尔的咖啡可描述为咸甜风味，带有雪松、干果和柑橘调性，让越来越多独具慧眼的消费者见识了来自喜马拉雅的味道。

据说，一名叫希拉吉里的男人于 1938 年将咖啡带到了尼泊尔。农民种植咖啡供自己饮用或到当地市场贩卖。后来咖啡叶锈病席卷了全国，杀死了大部分咖啡树，突然打断了该国咖啡业的发展进程。农民转而种植茶叶。

20 世纪 70 年代末，一批来自印度的咖啡种子被运到尼泊尔，小咖农重新出现。20 世纪 90 年代，尼泊尔开始积极推动咖啡的商业生产，并在此后的 10 年中取得了重大进步。

目前，咖啡生长于尼泊尔的 42 个区，为 3.25 万户家庭提供了收入来源。尼泊尔已经出台了大规模扩张沃土的计划，此措施一定能让该国在世界精品咖啡地图上稳稳占据一席之地。

古尔米

1938年，人们将来自缅甸的咖啡种子首次播种在古尔米。随后，此植物传播到维兹、帕尔帕、桑贾、卡斯基和巴格隆等地区。

尼泊尔咖啡 关键数据

全球市场占比 0.01%

产季 12月—次年1月

处理法 水洗

主要品种 阿拉比卡（波旁、铁皮卡、帕卡马拉和卡杜拉）

全球咖啡生产国排名 第58位

喜马拉雅山脉

来自喜马拉雅的咖啡引发了旅客、侨民和当地人的无限遐想。当地30%～50%的产量被国内消化。

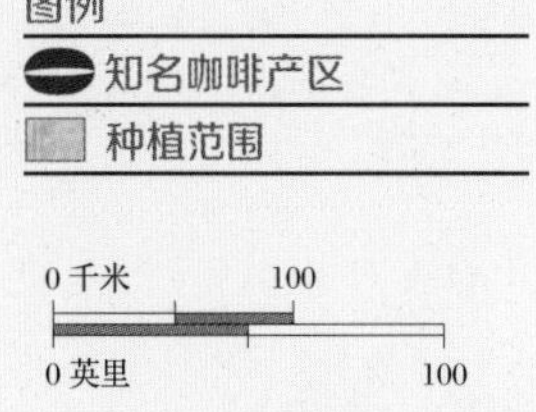

苏门答腊岛

苏门答腊岛是印度尼西亚最大的岛屿。当地生产的咖啡有木质调性，醇厚度高，酸度低，风味多变——从泥土、雪松、香料到发酵水果、可可、草本、皮革和烟草。

印度尼西亚主要生产风味粗犷的罗布斯塔，也少量种植了一些阿拉比卡。苏门答腊岛的首批咖啡种植园于1888年建成，目前已经是印度尼西亚罗布斯塔咖啡豆的最大生产者，其产量占全国总产量的75%左右。

铁皮卡还是最常见的阿拉比卡咖啡豆种。该地区还栽种了一些波旁、S系列杂交种、卡杜拉、卡蒂姆、帝汶杂交种以及称为兰邦和阿比西尼亚的埃塞俄比亚咖啡种。

咖农经常混杂种植不同树种，因此自然杂交的情况颇多。当地有时很缺水，所以小农户大都使用传统的湿刨法处理咖啡（参见右图），处理后的咖啡豆呈蓝绿色。遗憾的是，湿刨法处理的咖啡豆容易出现破损和缺陷。

印度尼西亚咖啡的品质不稳定，加之国内物流面临诸多挑战，买家很难寻觅到精品。

本地技术

湿刨法是指将咖啡豆脱壳（参见第20页）后干燥一天左右，然后趁豆子含水量还高时去除内果皮。

苏门答腊咖啡 关键数据

全球市场占比 7.2%（印度尼西亚）

产季 10月—次年3月

处理法 湿刨法，水洗

主要品种 75%罗布斯塔；25%阿拉比卡（铁皮卡、卡杜拉、波旁、S系列杂交种、卡蒂姆和帝汶杂交种）

全球咖啡生产国排名 第4位（印度尼西亚）

成熟的罗布斯塔咖啡果实

苏门答腊岛的罗布斯塔咖啡树主要生长在岛上的中部和南部。

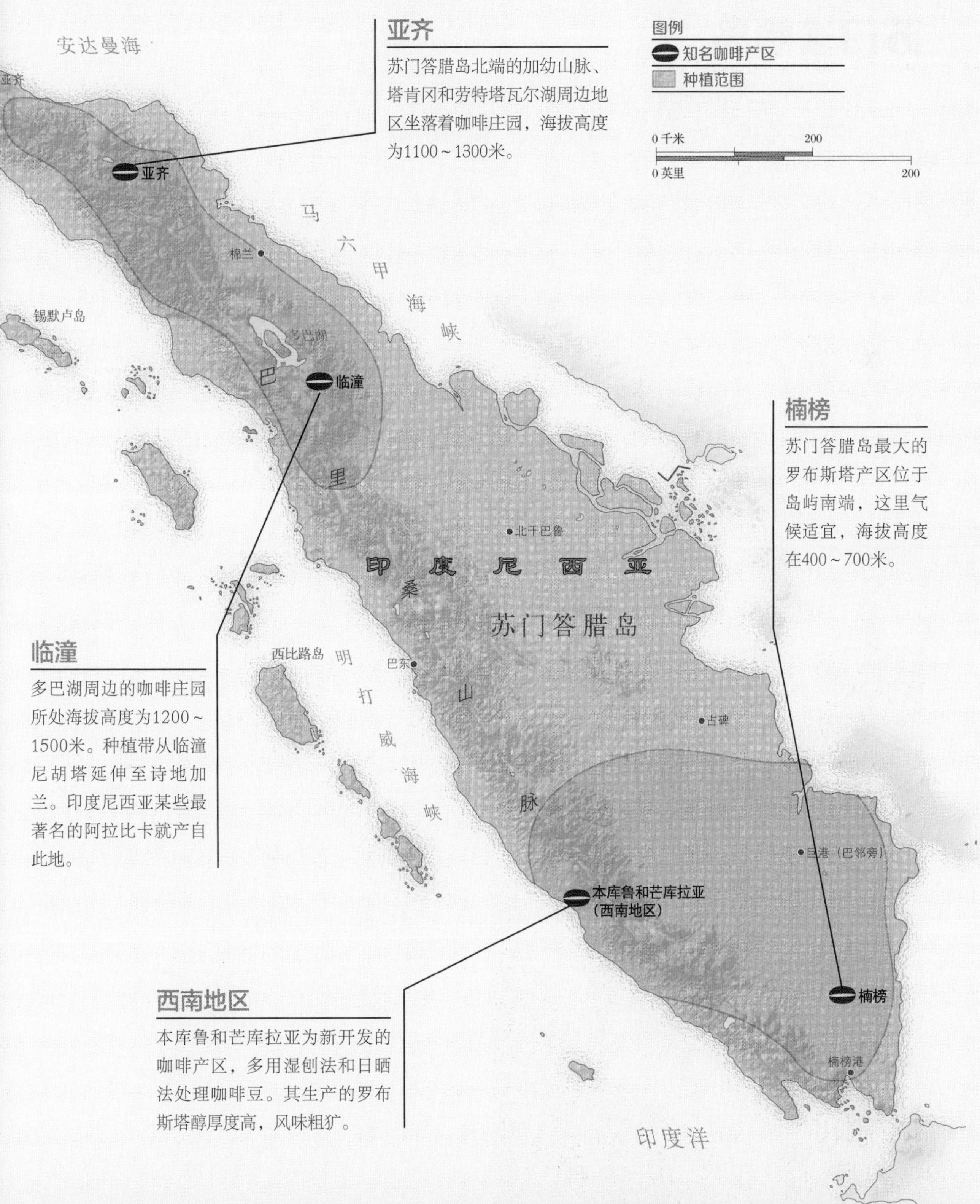

亚齐

苏门答腊岛北端的加纺山脉、塔肯冈和劳特塔瓦尔湖周边地区坐落着咖啡庄园，海拔高度为1100～1300米。

楠榜

苏门答腊岛最大的罗布斯塔产区位于岛屿南端，这里气候适宜，海拔高度在400～700米。

临潼

多巴湖周边的咖啡庄园所处海拔高度为1200～1500米。种植带从临潼尼胡塔延伸至诗地加兰。印度尼西亚某些最著名的阿拉比卡就产自此地。

西南地区

本库鲁和芒库拉亚为新开发的咖啡产区，多用湿刨法和日晒法处理咖啡豆。其生产的罗布斯塔醇厚度高，风味粗犷。

苏拉威西岛

在印度尼西亚所有岛屿中，苏拉威西种有最多的阿拉比卡树。处理得当的本地咖啡具有葡萄柚、莓果、坚果和香料等风味。苏拉威西咖啡通常有咸味，大多酸度低且口感厚重。

苏拉威西仅拥有全国 2% 的咖啡树，阿拉比卡的年产量约为 7715 吨。这里还种植一些罗布斯塔，但主要供当地使用，不做出口。

苏拉威西的土壤富含铁质，栽培老品种的铁皮卡 S 795。海拔极高的地区还种植了仁伯变种。当地的大部分咖农为小农户，大型庄园培育的咖啡树只占总量的 5% 左右。和在苏门答腊岛一样，湿刨法也为苏拉威西的传统处理法，以此加工的咖啡豆带有些许印度尼西亚咖啡豆的经典深绿色。

有些生产者开始用水洗法处理咖啡豆（参见第 20 ~ 21 页），类似中美洲的惯常做法。这有助于产品增值且主要受到日本进口商的推动。他们是苏拉威西咖啡的最大买家，对苏拉威西咖啡产业投入重金，以确保当地咖啡达到高质量标准。

苏拉威西咖啡 关键数据

全球市场占比　7.2%（印度尼西亚）

产季　7—9月

处理法　湿刨法，水洗

主要品种　95%阿拉比卡（铁皮卡、S 795和仁伯）；5%罗布斯塔

全球咖啡生产国排名　第4位（印度尼西亚）

成熟中的罗布斯塔咖啡果实

苏拉威西仅有的少量罗布斯塔咖啡树主要位于东北部。

马马萨

马马萨是西部一片鲜为人知的咖啡产区。其生产的阿拉比卡口感干净，正在引起精品市场买家的注意，因此马马萨一定会成为家喻户晓的名字。

塔纳托拉查

苏拉威西一些品质最高的咖啡产自南部的中央高地。此处海拔1100～1800米，为托拉查人的聚集地，咖啡因此得名托拉查。

西里伯斯海
万鸦老
帕莱莱山脉
哥伦打洛
奥戈马斯山脉
托米尼湾
托吉安群岛
摩鹿加海
望加锡海峡
印度尼西亚
帕卢
巴林加拉山脉
珀伦岛
波索
塔科勤卡茹山脉
波索湖
班达海
邦盖群岛
苏拉威西岛
塔纳托拉查
托武蒂湖
马伦达
马马萨
阿布基山脉
波勒瓦利
恩雷康
马拉马拉
波尼湾
肯达里
沃沃尼岛
穆纳岛
布敦岛
望加锡（乌戎潘当）
戈瓦和辛贾尔
卡巴那岛
图康伯西群岛

戈瓦和辛贾尔

这两个地区位于卡罗西以南，咖啡产量低且其中约40%为罗布斯塔。苏拉威西的咖啡经由戈瓦西边的望加锡港出口。

恩雷康

恩雷康摄政区位于托拉查以南。卡罗西为该地区的首府，是一座历史悠久的集镇，恩雷康生产的许多精品咖啡都以卡罗西命名。

图例

知名咖啡产区

种植范围

0 千米 100

0 英里 100

爪哇岛

爪哇岛出产的咖啡除少数具有地区性风味特征外，几乎都有低酸、口感醇厚、带有坚果或泥土风味等共同特征。某些陈年的豆子会展现出粗犷的风味。

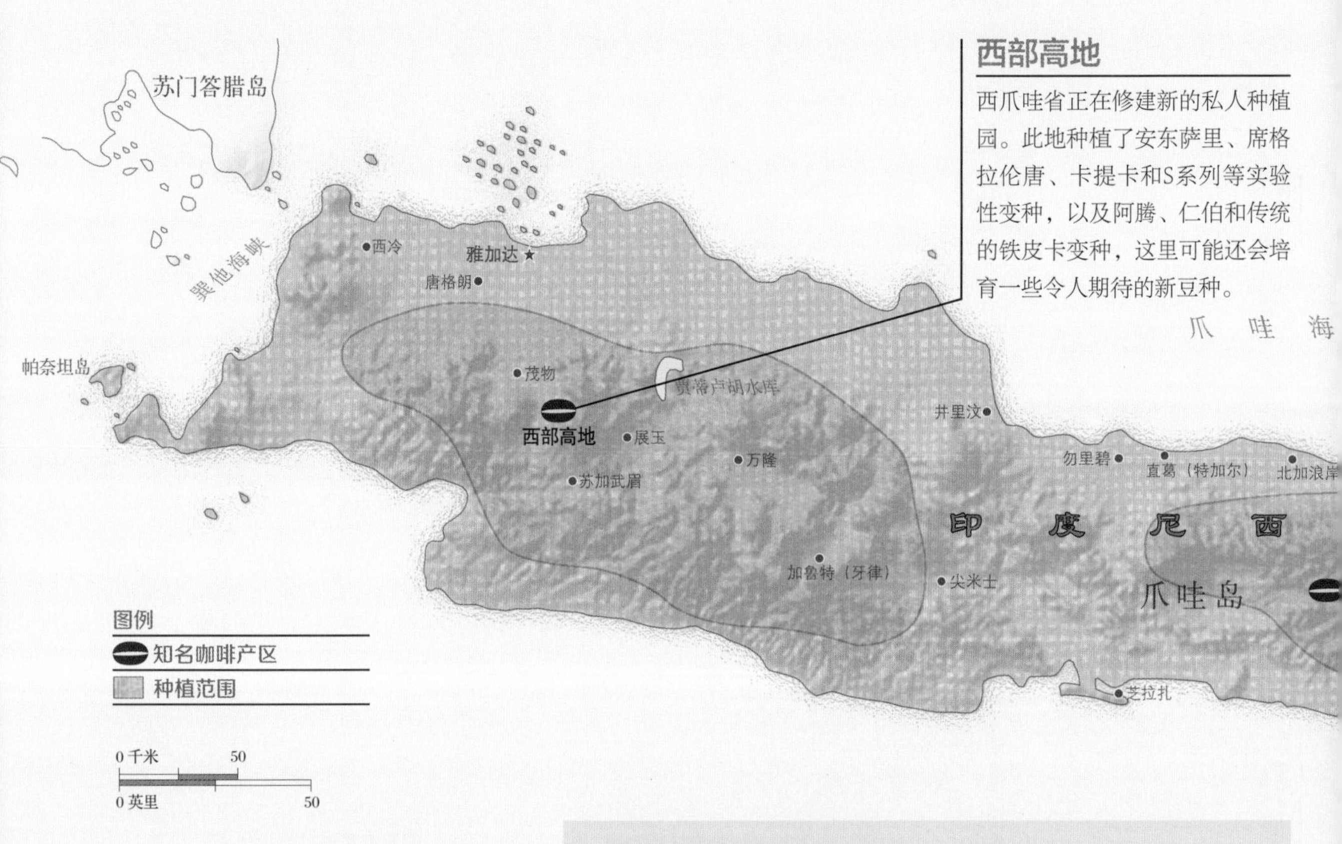

西部高地

西爪哇省正在修建新的私人种植园。此地种植了安东萨里、席格拉伦唐、卡提卡和S系列等实验性变种，以及阿腾、仁伯和传统的铁皮卡变种，这里可能还会培育一些令人期待的新豆种。

本地技术

爪哇咖农主要使用水洗法。相较于湿刨法，水洗法可降低咖啡豆被污染或出现瑕疵的风险（参见第92页）。

爪哇咖啡 关键数据

全球市场占比 7.2%（印度尼西亚）

产季 6—10月

处理法 水洗

主要品种 90%罗布斯塔；10%阿拉比卡、安东萨里、S系列、卡提卡、阿腾、席格拉伦唐、仁伯和铁皮卡

全球咖啡生产国排名 第4位（印度尼西亚）

印度尼西亚是除非洲以外首个大规模开展咖啡种植的国家。1696年，西爪哇省雅加达的周边地区开始进行这一尝试。因洪水泛滥，首批咖啡树苗未能存活下来。三年后，这片地区进行了第二次尝试。这一次，小树苗生根了。

咖啡树长势喜人，直到1876年，叶锈病来袭，杀死了大部分铁皮卡树，罗布斯塔得到广泛种植。20世纪50年代，当地咖农才种下了一批新的阿拉比卡树，现产量占爪哇岛总产量的10%左右。

目前，爪哇豆多为罗布斯塔，也有一些阿拉比卡变种，如阿腾、仁伯和铁皮卡。大部分爪哇豆来自东爪哇伊真高原中心的国有（PTP）种植园。这些种植园生产水洗豆，较其他印度尼西亚咖啡豆更干净。西爪哇省的邦加莲安山周边地区正在开发新的私人种植园，令人期待。

罗布斯塔咖啡果实簇

咖啡果实的成熟期不尽相同，这是爪哇岛采收季较长的原因之一。

三宝垄
普沃达迪
肯 登 山
泗水（苏腊巴亚）
马都拉岛
巴 厘 海
苏拉卡尔塔（梭罗）
宗班
茉莉芬
巴苏鲁安（岩望）
谏义里
庞越（普罗博林戈）
玛琅
东部高地
巴厘海峡
任抹
巴厘岛

东部高地

最大的国有种植园包括布拉万、珍彼特、潘柯尔、卡尤马斯和突各撒瑞。数个庄园种植了罗布斯塔，其中以卡里瑟罗吉利（Kaliselogiri）和萨塔克（Satak）最为有名。此地还有一些私人庄园，如加丽本多（Kalibendo）和阿耶定琴（Ayer Dingin）。它们所处海拔高度较低，采用传统的湿刨法（参见第92页）。

修剪后的罗布斯塔咖啡树

爪哇咖农有时会任由咖啡树长高，但大多数人为了采摘方便会进行修枝。

东帝汶

东帝汶咖啡的知名度相对较低，但潜力巨大。顶级的东帝汶咖啡干净均衡且风味复杂，可以带有红糖甜味、浓烈的花香调性和柑橘酸质。

咖啡在岛国东帝汶是仅次于石油的最大出口商品，也是约 1/4 国民的主要收入来源，但在国际上却籍籍无名。

19 世纪初，葡萄牙人把咖啡带到了东帝汶。目前，该国的咖啡种植活动主要集中在埃尔梅拉区，当地产量几乎占全国总产量的一半。

东帝汶独有的天然杂交种被称为帝汶杂交种（Hibrido de Timor，HDT），兼具罗布斯塔的顽强生命力和阿拉比卡的精致口感。全球各地用 HDT 培育出了抗病害能力更强、产量更高的变种，如卡蒂姆和萨奇莫。

埃尔梅拉

埃尔梅拉坐拥肥沃土壤和高海拔条件，生产的咖啡冠绝东帝汶。勒特福后等当地村庄因生产的咖啡豆品质稳定，在精品咖啡市场上名声大振。

其他产区

咖啡产区还有马努法伊、萨梅、阿伊纳罗、毛比斯和利基萨及面积较小的博博纳罗和艾莱乌。

晒干咖啡豆

许多小农户将防水布铺设在家门外，用来晒干咖啡豆。

本地

帝汶杂交种是最有名的杂交种之一，有时也被称为蒂姆蒂姆（Tim Tim），源于阿拉比卡和罗布斯塔的自然种内杂交，1927年在岛上被发现。

杂交种

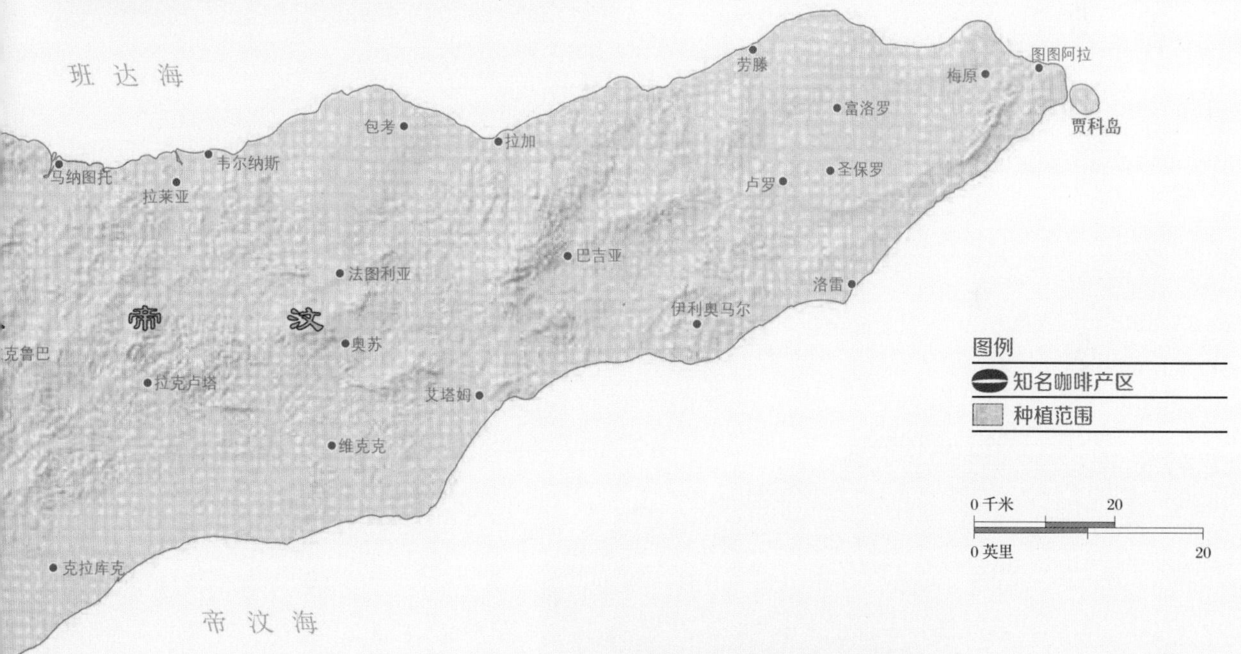

东帝汶咖啡 关键数据

全球市场占比 0.06%

产季 5—10月

处理法 水洗，日晒

主要品种 80%阿拉比卡；20%罗布斯塔（铁皮卡、HDT、卡蒂姆和萨奇莫）

全球咖啡生产国排名 第40位

巴布亚新几内亚

巴布亚新几内亚生产的咖啡口感浓厚，低酸或中等酸度，带有草本、木质和类似热带或烟草的风味。

该国咖啡大多产自小农户的种植场，部分来自庄园，还有少量源于国家计划项目。几乎所有咖啡都是高地种植、经水洗处理的阿拉比卡咖啡豆，包括波旁、阿鲁沙和新世界变种。全国两三百万人在咖啡行业谋生。

所有种植咖啡的省份都对扩大种植规模和提升咖啡品质表现出浓厚的兴趣。

东部高地

这片高地海拔达1500～1900米，雨量充沛，生产一些品质最佳、风味最复杂的咖啡。

恩加省和西部高地

这片高地地区相对干燥，海拔在1200～1800米，生产的咖啡豆酸度较低，带草本、坚果调性。

钦布和吉瓦卡

此地海拔高度为1600～1900米，为巴布亚新几内亚境内最高的咖啡种植地区之一。品质最上乘的咖啡豆风味明亮且带有温和的水果调性。

巴布亚新几内亚咖啡 关键数

全球市场占比 0.55%

产季 4—9月

处理法 水洗

主要品种 95%阿拉比卡（古老的铁皮卡品种、波旁、阿鲁沙、蓝山和新世界）；5%罗布斯塔

全球咖啡生产国排名 第17位

澳大利亚

澳大利亚生产的阿拉比卡咖啡豆风味多样，但一般呈现出坚果和巧克力味，酸质柔和，还可能带有柑橘的甜感和水果调性。

阿拉比卡在澳大利亚扎根 200 年之久，见证了咖啡行业的起起落落。过去 40 年，随着机械采收的推进，新庄园拔地而起，咖啡行业得到重振。有些生产者还开始在东海岸的诺福克岛上种植咖啡。

咖农在此地种植了广受欢迎的 K7、卡杜艾和新世界等新变种，还有老品种铁皮卡和波旁。

澳大利亚咖啡 关键数据

全球市场占比 小于0.01%

产季 6—10月

处理法 水洗，半日晒，日晒

主要品种 阿拉比卡（K7、卡杜艾、新世界、铁皮卡和波旁）

全球咖啡生产国排名 第56位

阿瑟顿高原

此地区位于昆士兰最北端，咖啡产量占澳大利亚总产量的一半左右。该国的大型咖啡庄园多聚集于此，生产的咖啡一般较甜，带巧克力和坚果风味。

昆士兰中部和西南部

此产区面积较小，汇集了少数小咖农和部分大型商业公司，生产的咖啡往往较柔和、甘甜且酸度低。

新南威尔士州北部

当地天气较冷、海拔较高，因此咖啡果实成熟较慢。这种气候条件有助于强化风味，且可能会降低咖啡因浓度。

缅甸

缅甸是精品咖啡圈里的后起之秀，期望凭借其柔和而略带柑橘和泥土风味的水洗豆以及特征鲜明、带莓果调性的日晒豆敲开新市场的大门。

1885 年，英国殖民者和传教士在德林达依省的最南端种下了第一批罗布斯塔咖啡树，这标志着咖啡作为农作物被引入缅甸。随后，咖啡种植业经由孟邦、克伦邦、勃固和若开邦迅速向北扩张。1930 年，人们开始在掸邦和曼德勒地区种植阿拉比卡咖啡树。

当时的生产规模相对较小。1948 年，缅甸脱离英联邦宣布独立。此后的几十年中，咖啡行业疲软且得不到重视，许多咖农完全弃咖啡树于不顾。该国的咖啡豆主要销往泰国、老挝和中国等邻国。

但缅甸在 2011 年进行了政治改革后，政府认识到了咖啡作为经济作物的潜力，更多其他国家的买家对缅甸咖啡的兴趣也日渐浓厚。该国成立了多个组织来支持和发展咖啡行业，希冀将缅甸变成高品质阿拉比卡咖啡豆的全球供应商。

原始森林

咖啡树生长于原始森林中的参天大树树荫下。

缅甸咖啡 关键数据

全球市场占比 0.09%

产季 12月—次年3月

处理法 水洗，日晒

主要品种 80%阿拉比卡；20%罗布斯塔（S-795、卡杜拉、卡杜艾、卡蒂姆和蓝山）

全球咖啡生产国排名 第35位

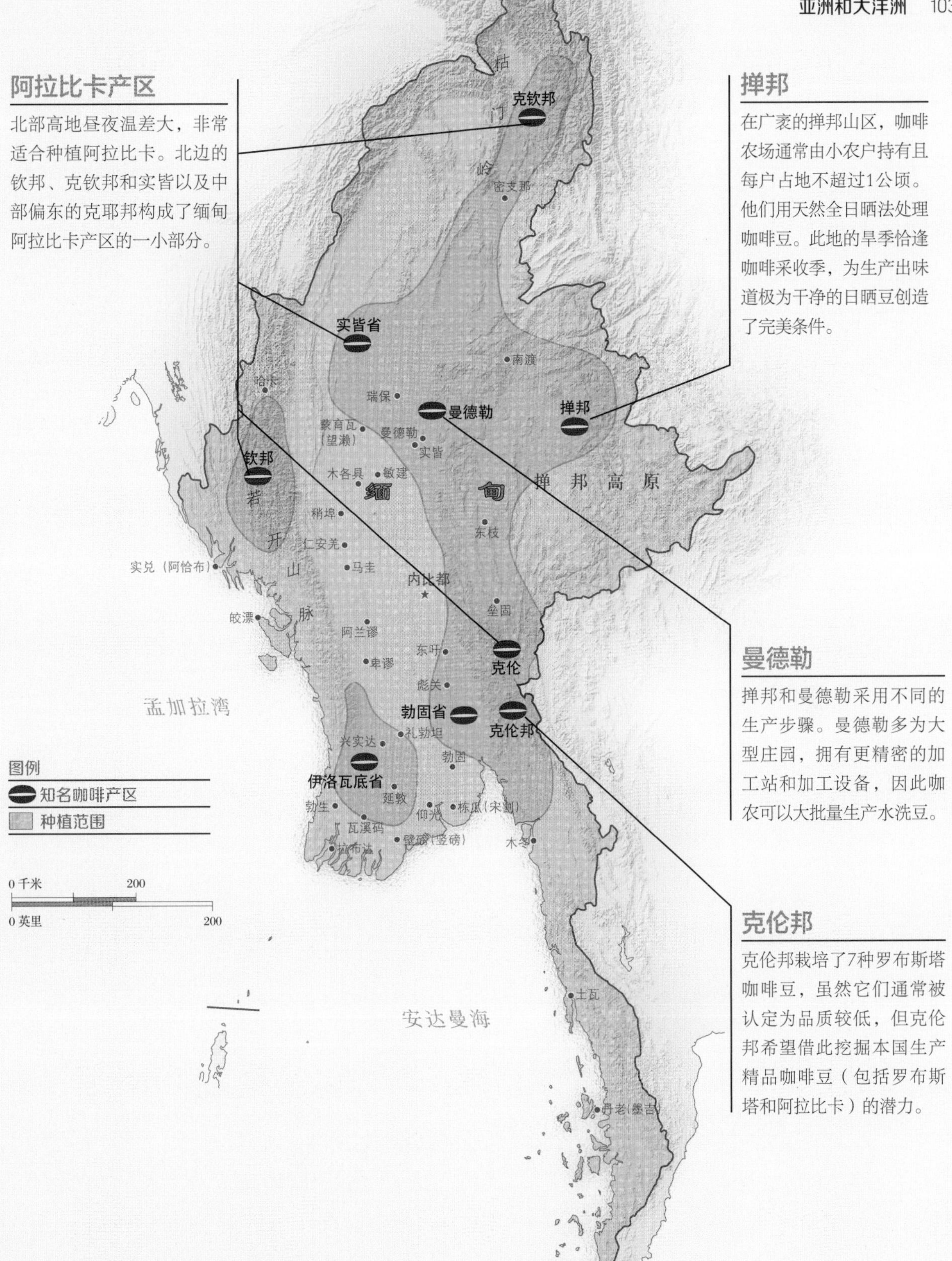

阿拉比卡产区

北部高地昼夜温差大，非常适合种植阿拉比卡。北边的钦邦、克钦邦和实皆以及中部偏东的克耶邦构成了缅甸阿拉比卡产区的一小部分。

掸邦

在广袤的掸邦山区，咖啡农场通常由小农户持有且每户占地不超过1公顷。他们用天然全日晒法处理咖啡豆。此地的旱季恰逢咖啡采收季，为生产出味道极为干净的日晒豆创造了完美条件。

曼德勒

掸邦和曼德勒采用不同的生产步骤。曼德勒多为大型庄园，拥有更精密的加工站和加工设备，因此咖农可以大批量生产水洗豆。

克伦邦

克伦邦栽培了7种罗布斯塔咖啡豆，虽然它们通常被认定为品质较低，但克伦邦希望借此挖掘本国生产精品咖啡豆（包括罗布斯塔和阿拉比卡）的潜力。

泰国

泰国主要生产罗布斯塔，而本地的顶级阿拉比卡豆口感柔和、酸度低且偶尔会展现出令人愉悦的花香调性。

泰国种植的咖啡几乎都是罗布斯塔，其中大部分为日晒处理，用于制作速溶咖啡。20 世纪 70 年代，咖农看到了高品质阿拉比卡咖啡豆的潜力且受到鼓舞，开始种植卡杜拉、卡杜艾和卡蒂姆等树种。遗憾的是，后续措施和激励机制不足，咖啡树得不到悉心照料。近年来，人们对泰国咖啡兴趣渐长，投资也逐步跟上，这有助于咖农生产出高品质咖啡豆。

北部

泰国仅有的少量的阿拉比卡生长于北部地区，此地海拔800～1500米。当地的阿拉比卡通常为水洗处理，以获得其相对于罗布斯塔的更高溢价。

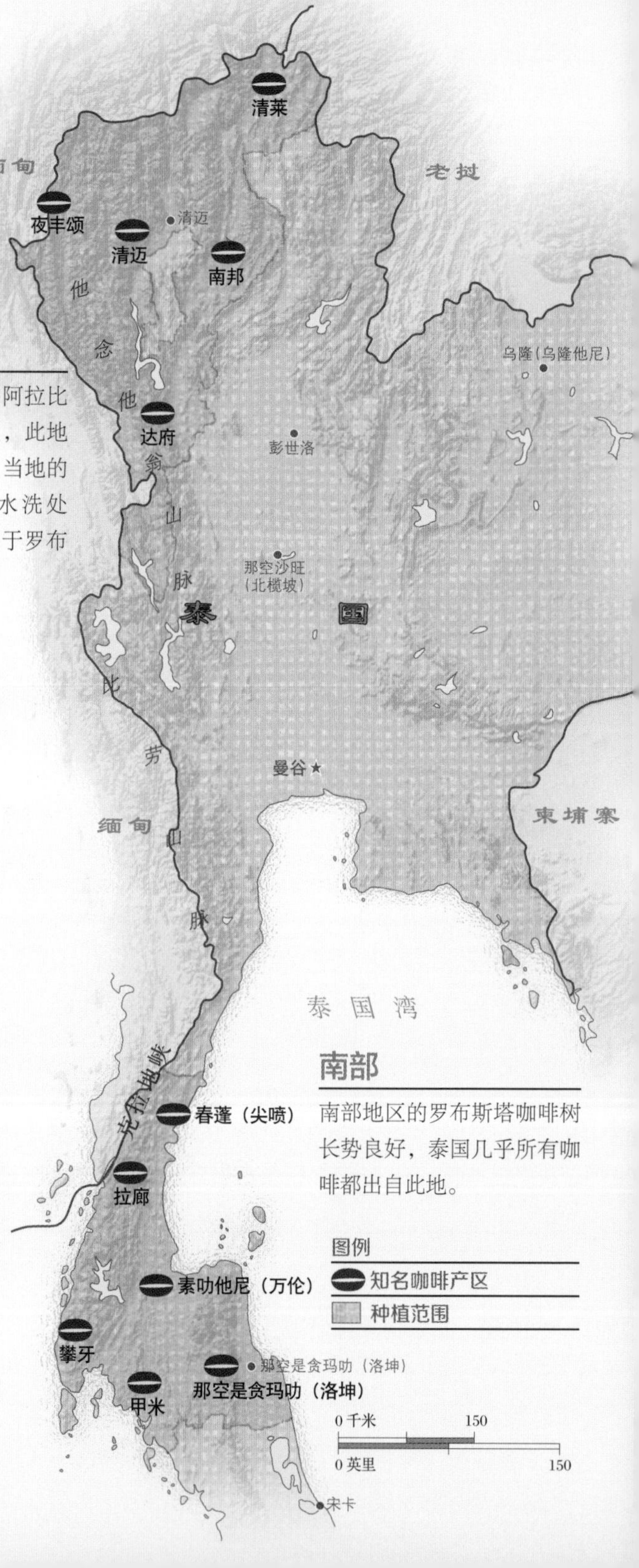

南部

南部地区的罗布斯塔咖啡树长势良好，泰国几乎所有咖啡都出自此地。

泰国咖啡 关键数据

全球市场占比 0.41%

产季 10月—次年3月

处理法 日晒，部分水洗

主要品种 98%罗布斯塔；2%阿拉比卡（卡杜拉、卡杜艾、卡蒂姆和瑰夏）

全球咖啡生产国排名 第19位

越南

越南栽培的某些咖啡变种口感柔和甘甜且带有坚果风味，这引起了精品市场的关注。

越南于1857年开始生产咖啡。20世纪初，越南几经改革，帮助咖农实现了咖啡产量的大幅提升，后利用咖啡在市场上卖出的好价格，于10年内一跃成为世界上第二大咖啡生产国。结果市场上充斥着低劣的罗布斯塔咖啡豆，导致价格和品质都不断下滑。如今，越南政府希望达成供需平衡。越南以罗布斯塔为主要种植树种，也种植了少量阿拉比卡。

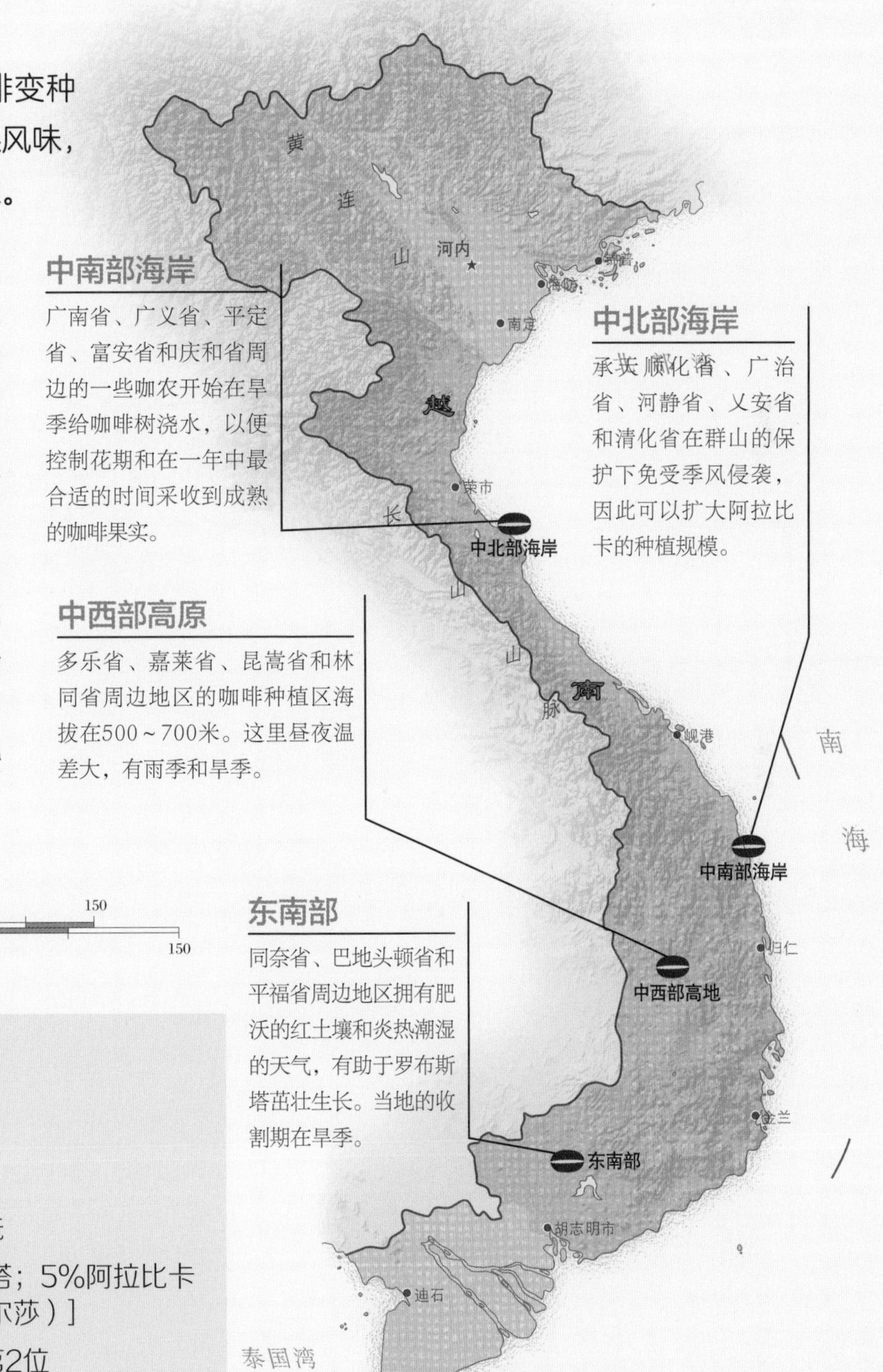

中南部海岸

广南省、广义省、平定省、富安省和庆和省周边的一些咖农开始在旱季给咖啡树浇水，以便控制花期和在一年中最合适的时间采收到成熟的咖啡果实。

中北部海岸

承天顺化省、广治省、河静省、义安省和清化省在群山的保护下免受季风侵袭，因此可以扩大阿拉比卡的种植规模。

中西部高原

多乐省、嘉莱省、昆嵩省和林同省周边地区的咖啡种植区海拔在500～700米。这里昼夜温差大，有雨季和旱季。

东南部

同奈省、巴地头顿省和平福省周边地区拥有肥沃的红土壤和炎热潮湿的天气，有助于罗布斯塔茁壮生长。当地的收割期在旱季。

图例
- 知名咖啡产区
- 种植范围

千米 150
英里 150

越南咖啡 关键数据

全球市场占比 17.7%

产季 10月—次年4月

处理法 日晒，部分水洗

主要品种 95%罗布斯塔；5%阿拉比卡[卡蒂姆和萨里（艾克赛尔莎）]

全球咖啡生产国排名 第2位

老挝

老挝咖啡通常为日晒处理，这可能会为豆子赋予咸甜风味及醇厚、深色水果调和发酵感等特质。

老挝毗邻越南，而越南为世界第二大咖啡生产国。老挝及其咖啡的光芒可能曾被邻国盖过，但该国咖啡业决心成为众人关注的焦点。

20 世纪 20 年代，法国的殖民者将咖啡首次带到老挝。他们认为，南部占巴塞的波拉文高原拥有最适合阿拉比卡生长的微气候。但最早的这批树种在几十年中饱经病害、灾难性冬季霜冻和战争的摧残，大部分已被拔除，替换成了复原能力更强的罗布斯塔树种。

波拉文高原出产全国 95% 的咖啡，因此仍然是老挝咖啡的生产中心。政府出台了产量提升计划，也越来越强调质量的重要性。

北部省份

北部的山区较凉爽，少量庄园还在种植法国人引进的阿拉比卡变种。政府和私营部门正在鼓励华潘省、琅勃拉邦和川圹省的村落种植更多树龄更低、健康状况更好及产量更高的阿拉比卡咖啡树种。

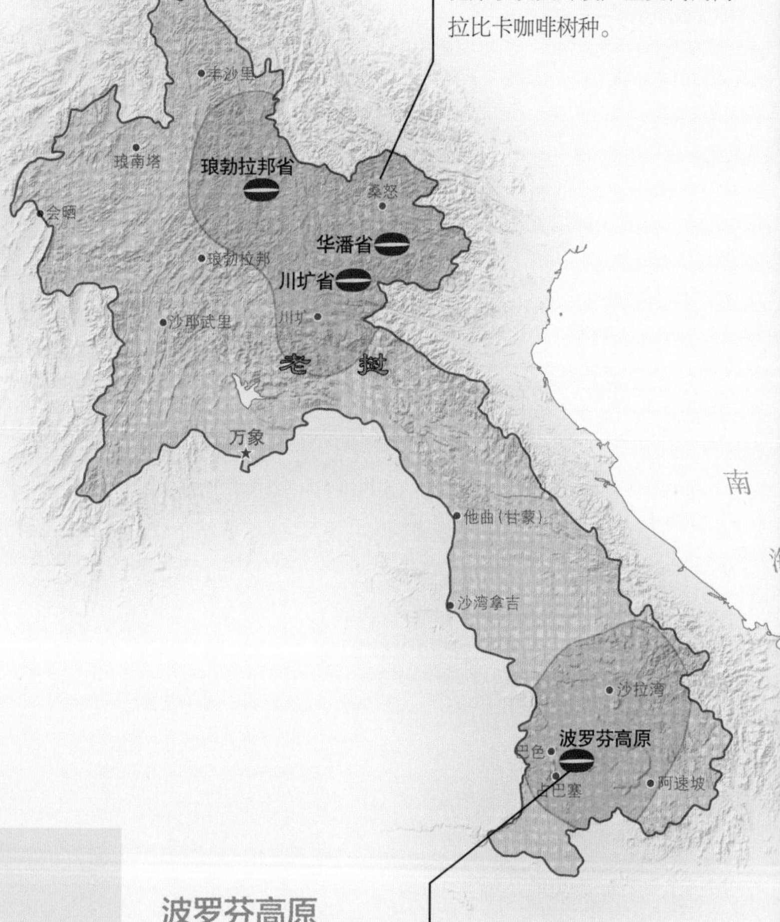

波罗芬高原

法国人认为，老挝肥沃的火山土和高原气候非常适合种植铁皮卡和波旁等高品质咖啡变种。这些法国人觊觎波罗芬高原优越的种植条件而定居于此。

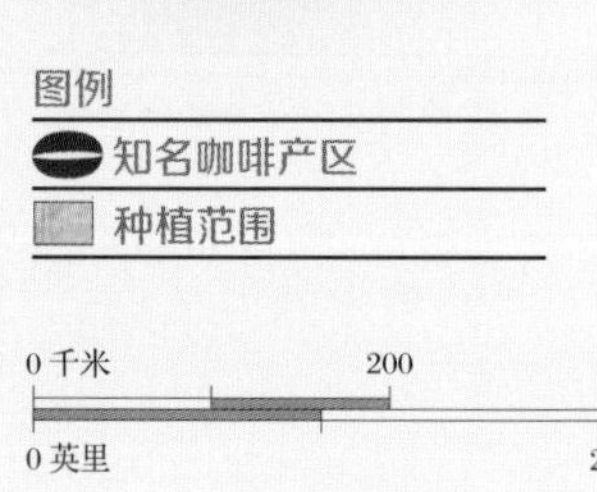

老挝咖啡 关键数据

全球市场占比 0.34%

产季 11月—次年4月

处理法 日晒，水洗

主要品种 80%罗布斯塔；20%阿拉比卡（铁皮卡、波旁和卡蒂姆）

全球咖啡生产国排名 第23位

菲律宾

菲律宾既生产口感均衡、带甜可可和干果调性的阿拉比卡咖啡豆，也种植口感浓厚、带更多麦芽和木质调性、质地更厚重的罗布斯塔豆。

西班牙人于18世纪40年代将咖啡带到了菲律宾，而菲律宾迅速成为亚洲最大的咖啡生产国，产量曾一度在全球排名第4位。但19世纪80年代，该国遭到咖啡叶锈病的重创，大部分咖啡庄园彻底倒闭，直到20世纪50—60年代，咖啡业才迎来了正式复苏。

当时，许多农场改种其他作物，咖农也对咖啡种植技能和知识日渐生疏，因此咖啡行业发展缓慢。但菲律宾和其他亚洲国家不同，它的国民喜爱咖啡甚于喜爱茶，政府只得从其他国家大量进口咖啡。受国内需求的刺激，政府为咖啡行业分配了更多资源，以扩大种植面积并改进处理法，从而提升其质量和产量。

菲律宾咖啡 关键数据

全球市场占比 0.13%

产季 12月—次年5月

处理法 日晒，水洗

主要品种 罗布斯塔；阿拉比卡（艾克赛尔莎、利比里亚、铁皮卡、波旁和卡蒂姆）

全球咖啡生产国排名 第33位

卡拉巴松

西班牙人率先开始在卡拉巴松大区八打雁省的利巴市种植咖啡。虽然大部分咖啡种植转移到了南部和更北端，但此处还能找到一些利比里亚种。

西米沙鄢

此地约有4800公顷的咖啡种植面积和2700家小农户，因此每户持有1.4公顷左右的土地。当地将树龄更高、生产力更低的咖啡树换成了小树苗，有效地提高了产量。

达沃

达沃地区有大量的咖啡庄园。达沃市的咖啡市场越来越大，以本区所产咖啡为傲的精品咖啡馆也越来越多，这进一步推动了当地对高品质咖啡豆的需求。

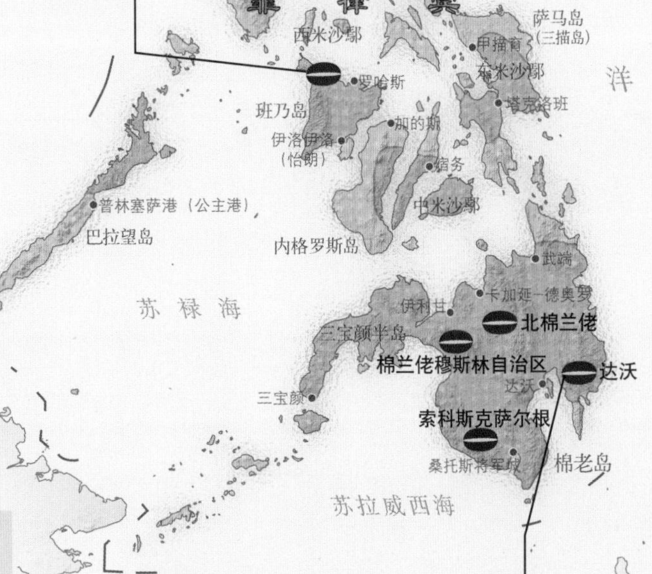

图例

知名咖啡产区

种植范围

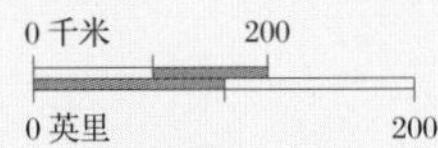

中国

中国生产的咖啡通常较柔和甘甜，酸质细腻，带有坚果风味，偶尔会更偏向焦糖和巧克力风味。

1887年，传教士将咖啡带到云南，这就是中国咖啡种植的开端。100年后，政府才开始大力发展咖啡生产。新出台的措施改进了种植实践和条件，每年的咖啡总产量同比增长在15%左右。目前，人均饮用量仅为每年2～3杯，但此数量也在增长。本地种植的阿拉比卡变种包括卡蒂姆和铁皮卡。

云南省

中国95%的咖啡出自普洱、昆明、临沧、文山和德宏地区。大多数豆种为卡蒂姆，但在保山还能找到一些传统的波旁种和铁皮卡种。这里的咖啡大多低酸，带坚果味或类似麦片的味道。

海南岛

中国南海上的海南岛每年生产300～400千克罗布斯塔。虽然产量在下降，但当地的咖啡文化却依然浓厚。海南咖啡一般较柔和，带木质调性，醇厚度高。

福建省

这座滨海省份盛产茶叶，也种植少许罗布斯塔，产量占比低。低酸度和浓郁口感是本地罗布斯塔咖啡的典型特征。

中国咖啡 关键数据

全球市场占比 1.2%

产季 11月—次年4月

处理法 水洗和日晒

主要品种 95%阿拉比卡（卡蒂姆、波旁和铁皮卡）；5%罗布斯塔

全球咖啡生产国排名 第13位

图例

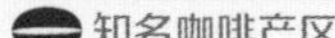
知名咖啡产区

种植范围

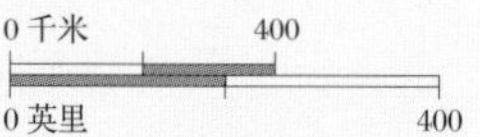

也门

世界上一些最有意思的阿拉比卡咖啡豆出自也门，它们带有香料、泥土、水果和烟草的“野性”风味。

也门远早于非洲以外的其他任何国家种植咖啡。也门的摩卡小镇是最早的贸易出口港。

在某些地方仍长有野生咖啡，主要产区则种植古老的铁皮卡种和埃塞俄比亚种。不同变种经常因产自同一个地区而被赋予相同名称，属实难以鉴别或追踪各自的来源。

哈拉奇

哈拉奇的咖农居住在萨那和海岸之间的贾巴尔哈拉兹山脉，他们生产的咖啡带有经典的丰富层次、水果调性和发酵香气。

玛塔莉

玛塔莉咖啡产区在萨那西侧，靠近荷台达港，位于高海拔地区，生产的也门咖啡偏酸。

哈玛丽

此地区位于萨那以南、扎马尔省西部，生产的咖啡豆有经典的也门咖啡豆特征，但总体比西部地区的咖啡豆更柔和圆润。

伊斯玛仪

伊斯玛仪因胡塔布周边聚居的伊斯兰教派而得名。其既是当地咖啡变种的名称，也是整个片区的名称。本地生产的一些也门咖啡风格较粗犷。

也门咖啡 关键数据

全球市场占比 0.1%

产季 6—12月

处理法 日晒

主要品种 阿拉比卡（铁皮卡和原生种）

全球咖啡生产国排名 第34位

本地技术

在过去800年间，咖啡种植和处理技术鲜有改变，化学肥料的使用也不多见。因缺水，当地人一般用日晒法处理咖啡，这可能导致外形不规则。

图例

知名咖啡产区

种植范围

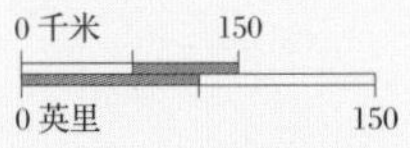

世界咖啡地图

南美洲和中美洲

巴西

巴西是世界上最大的咖啡生产国，区域差异微小难辨。普遍认为巴西的水洗阿拉比卡咖啡豆较柔和，日晒阿拉比卡咖啡豆偏甜、微酸、口感适中。

1920 年，巴西的咖啡产量约占全球总产量的 80%。随着其他国家后来居上，巴西的市场份额跌至目前的 35%，但其作为最大生产国的地位未受动摇。巴西主要种植阿拉比卡，特别是新世界和伊卡图变种。

1975 年，一场极具破坏性的霜冻席卷巴西，许多咖农到米纳斯吉拉斯建立了新庄园，如今他们生产的咖啡几乎占到了全国总产量的一半，这足以匹敌全球第二大咖啡生产国越南。巴西咖啡产量的剧增或骤减会影响整个市场和数百万民众的生计，甚至关系着我们在咖啡上的日常开销。

如今，巴西约有 30 万座咖啡庄园，规模下至 0.5 公顷，上至 1 万公顷。约一半的巴西咖啡豆被本国消化。

本地技术

在巴西，大部分处理流程为高度机械化。不同于许多国家，巴西习惯批量收割后再拣选。

巴西咖啡 关键数据

全球市场占比 35.2%

产季 5—9月

处理法 日晒，半日晒，半水洗，全水洗

主要品种 80%阿拉比卡（波旁、卡杜艾、阿凯亚、新世界和伊卡图）；20%罗布斯塔

全球咖啡生产国排名 第1位

精准种植

此地地势平坦，咖啡树排列整齐，咖农在进行机械采收时游刃有余。这种机制构成了巴西种植体系中重要的一环。

巴伊亚州

巴伊亚州一些顶级的阿拉比卡咖啡豆来自迪亚曼蒂纳高原和普拉纳尔图。该地区南部借助大型机械化农场集中种植罗布斯塔。

圣埃斯皮里图州

此地的咖啡产量位居全国第2位，其中80%为罗布斯塔。南部海拔高度在1200米的地区种植了一些阿拉比卡。

塞拉多

塞拉多地势平坦，非常适合机械采收。本地90%的咖啡出自大型庄园，以日晒法处理。

圣保罗州

摩吉安娜是圣保罗州最知名的咖啡产区。这里相对干燥，是许多日晒阿拉比卡咖啡豆的产地。

米纳斯马塔斯

该山区一半左右的农场为小型庄园，采收期为一年一次。咖啡生长在海拔1200米、气候较凉爽的地区，味道香浓甘甜、酸度中等。

南米纳斯

该地区海拔较高（达1600米），天气凉爽，为咖啡赋予了柑橘和花香风味，因此许多人宣称本地咖啡为巴西最佳。

哥伦比亚

哥伦比亚的咖啡一般浓郁且醇厚，拥有广泛的风味特质，可以是带坚果和巧克力调性的甘甜风味，也可以是花香、水果和偏热带的风味。各个产区的风味截然不同。

哥伦比亚山地较多，因此拥有众多微气候条件，有利于咖啡发扬出各种非凡特质。哥伦比亚只生产包括铁皮卡和波旁变种在内的阿拉比卡，通常使用水洗法处理咖啡，一年有一个或两个产季，因地区而异。在有些地区，主产季为9—10月，副产季为4月或5月。在另一些地区，主产季为3—6月，副产季为10—11月。

200万哥伦比亚人以咖啡相关工作为生，其中大部分人在小型咖啡农场工作，约56万人为自有农田仅占1～2公顷的小生产者。近年来，精品咖啡行业开始接触私人小咖农，以小批量和更高价格收购高品质咖啡。

现在，选择哥伦比亚咖啡的国民越来越多，他们的消耗量约占总产量的20%。

本地技术

大部分咖农都自购有加工设备，可以控制整个加工处理流程（参见第20~21页）。晒架便于咖农进行翻晒，因此广受欢迎。

哥伦比亚咖啡 关键数据

全球市场占比 8.6%

产季 3—6月，9—12月

处理法 水洗

主要品种 阿拉比卡（铁皮卡、波旁、塔比、卡杜拉、哥伦比亚、象豆和卡斯蒂略）

全球咖啡生产国排名 第3位

挑战 晒豆受限，资金短缺，水土流失，气候变化，缺水，治安差

晒干咖啡豆

咖农一般在混凝土地面晒干咖啡豆，但在地势太过陡峭的地区会选择屋顶。

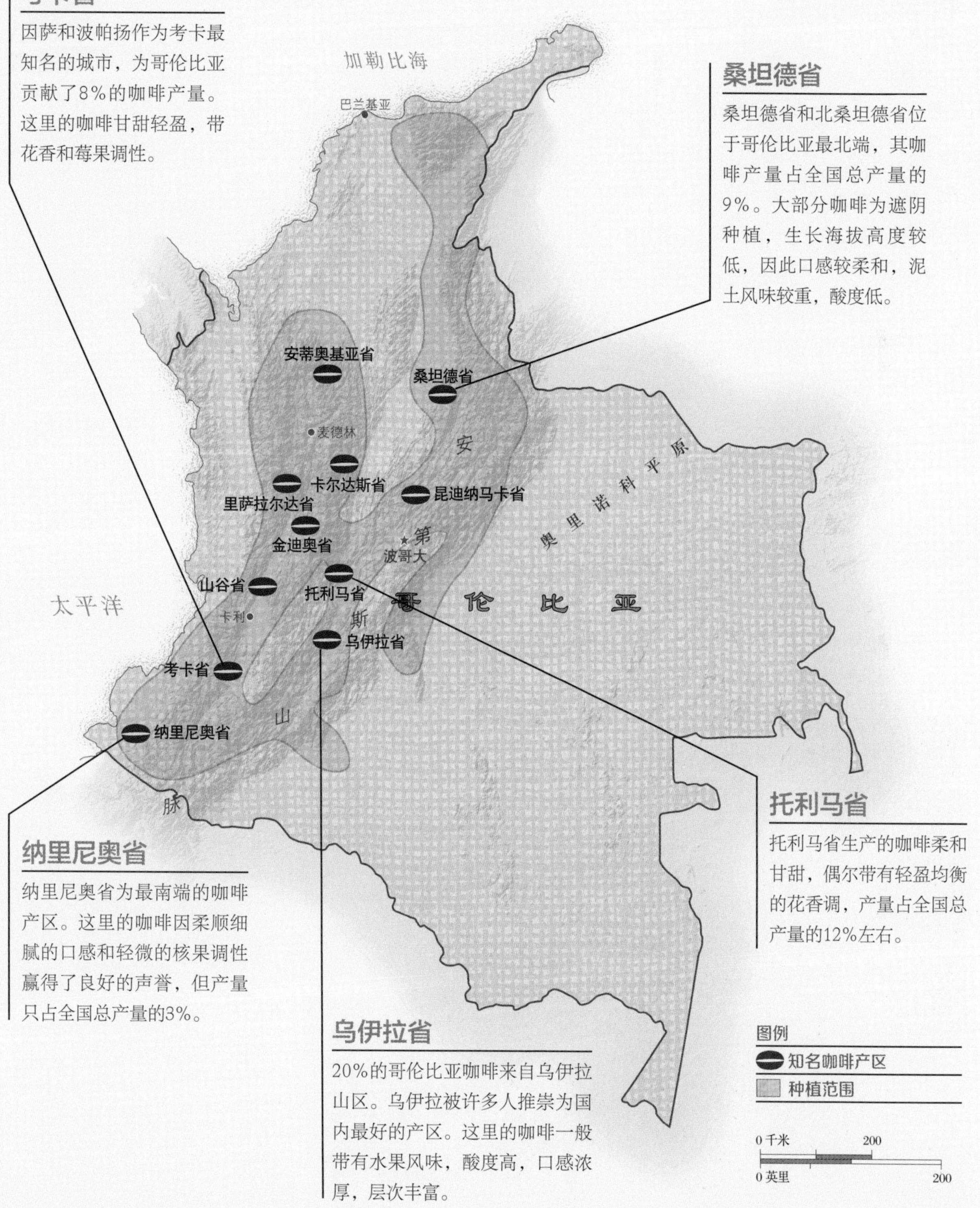

考卡省

因萨和波帕扬作为考卡最知名的城市，为哥伦比亚贡献了8%的咖啡产量。这里的咖啡甘甜轻盈，带花香和莓果调性。

桑坦德省

桑坦德省和北桑坦德省位于哥伦比亚最北端，其咖啡产量占全国总产量的9%。大部分咖啡为遮阴种植，生长海拔高度较低，因此口感较柔和，泥土风味较重，酸度低。

托利马省

托利马省生产的咖啡柔和甘甜，偶尔带有轻盈均衡的花香调，产量占全国总产量的12%左右。

纳里尼奥省

纳里尼奥省为最南端的咖啡产区。这里的咖啡因柔顺细腻的口感和轻微的核果调性赢得了良好的声誉，但产量只占全国总产量的3%。

乌伊拉省

20%的哥伦比亚咖啡来自乌伊拉山区。乌伊拉被许多人推崇为国内最好的产区。这里的咖啡一般带有水果风味，酸度高，口感浓厚，层次丰富。

委内瑞拉

委内瑞拉在咖啡产量上曾与哥伦比亚不相上下，但早已今非昔比。委内瑞拉的顶级咖啡豆甘甜浓郁，酸质均衡，带有明显的水果风味。

一位名叫约瑟夫·古米拉的牧师因将咖啡带到委内瑞拉而被铭记。自 1732 年起，安第斯山区迅速建立起一批咖啡庄园。咖啡业的发展一直持续到 20 世纪，但在该国实施了几年集约化耕种后，咖啡产量开始逐步下滑，委内瑞拉也将重心转移到石油业上。

2003 年，国家针对咖啡行业实施了价格管控并出台了其他法规，限制了咖啡的生产，致使许多咖农放弃了种植。国内需求最终超过了产量，委内瑞拉的咖啡进口量开始超过出口量。

眼见石油行业面临各种挑战，委内瑞拉又将注意力放回了差点被遗忘的出口商品——咖啡上。像委内瑞拉这样如此热衷于饮用咖啡的国家很难放弃培育自己的产品，也很难不为此竭尽全力。

委内瑞拉主要种植阿拉比卡。从安第斯山脉向西延伸的马拉开波地区生产的咖啡最为有名。东部沿海山区种植的咖啡统一被认定为加拉加斯产。低地地区零散分布着一些罗布斯塔。

委内瑞拉咖啡 关键数据

全球市场占比 0.38%

产季 10月—次年1月

处理法 水洗

主要品种 阿拉比卡（波旁、铁皮卡、卡杜拉和新世界）

全球咖啡生产国排名 第22位

咖啡脱壳机

咖农用脱壳机除去咖啡果实的外果皮和果肉，只保留内果皮。

马拉开波

经由马拉开波港出口的咖啡称为马拉开波咖啡。它们来自西边安第斯山脉上的特鲁希略、梅里达、塔奇拉和杜阿卡产区。

杜阿卡

杜阿卡的小咖农起初受益于咖啡业的繁荣，但在此后几十年间，随着政府土地改革的推行，他们不敌逐渐壮大的精英阶层。

卡里佩

在莫纳加斯州面向卡里佩的东部沿海山区，生长着被冠以加拉加斯之名的咖啡。最高规格的豆子会打上“Lavado Fino”（精品水洗）的标签，但它们的数量日益稀少。

塔奇拉州

一般认为塔奇拉咖啡和哥伦比亚咖啡味道相近，可能有部分原因是，毗邻的哥伦比亚小镇库库塔为了冠上马拉开波这一名称，将大量咖啡运了过来，有时还将其混入塔奇拉咖啡出口。

玻利维亚

玻利维亚咖啡以独特地方风味闻名的并不多，但总体而言，味道甘甜均衡，带有花香和草本风味或是奶油和巧克力风味。作为咖啡小国的玻利维亚有潜力生产出令人惊喜的品种。

玻利维亚拥有约 2.3 万户小型家庭农场，每户持有 2 ~ 9 公顷土地，这些构成了该国咖啡文化的一部分。约 40% 的国产咖啡为国内消化。

咖啡在玻利维亚国内经常遭遇运输和处理不当以及缺乏支持等问题，品质不易稳定，因此直到最近才引起了精品咖啡买家的注意。玻利维亚身处内陆，所以咖啡大多经由秘鲁出口，这也加大了物流方面的挑战。该国提供了资金，供产区附近的咖农加强教育和购买新处理设备，这有效地提升了咖啡品质，出口商也开始开拓国际市场。

玻利维亚主要种植阿拉比卡变种，如铁皮卡、卡杜拉和卡杜艾。几乎所有地方的咖啡都为有机种植。拉巴斯附近的省份为主要产区，如北永加斯、南永加斯、弗朗茨塔马约、卡拉纳维、因基西维和拉雷卡哈。这里的采收季因海拔高度、雨型和温度而异。

玻利维亚咖啡 关键数据

全球市场占比 0.06%

产季 7—11月

处理法 水洗，部分日晒

主要品种 阿拉比卡（铁皮卡、卡杜拉、克里奥尔、卡杜艾和卡蒂姆）

全球咖啡生产国排名 第39位

挑战 运输条件差，缺乏处理设备和技术支持

种植与收割

许多玻利维亚咖啡都默认为有机种植，因为咖农几乎没有购买化学肥料的资金。

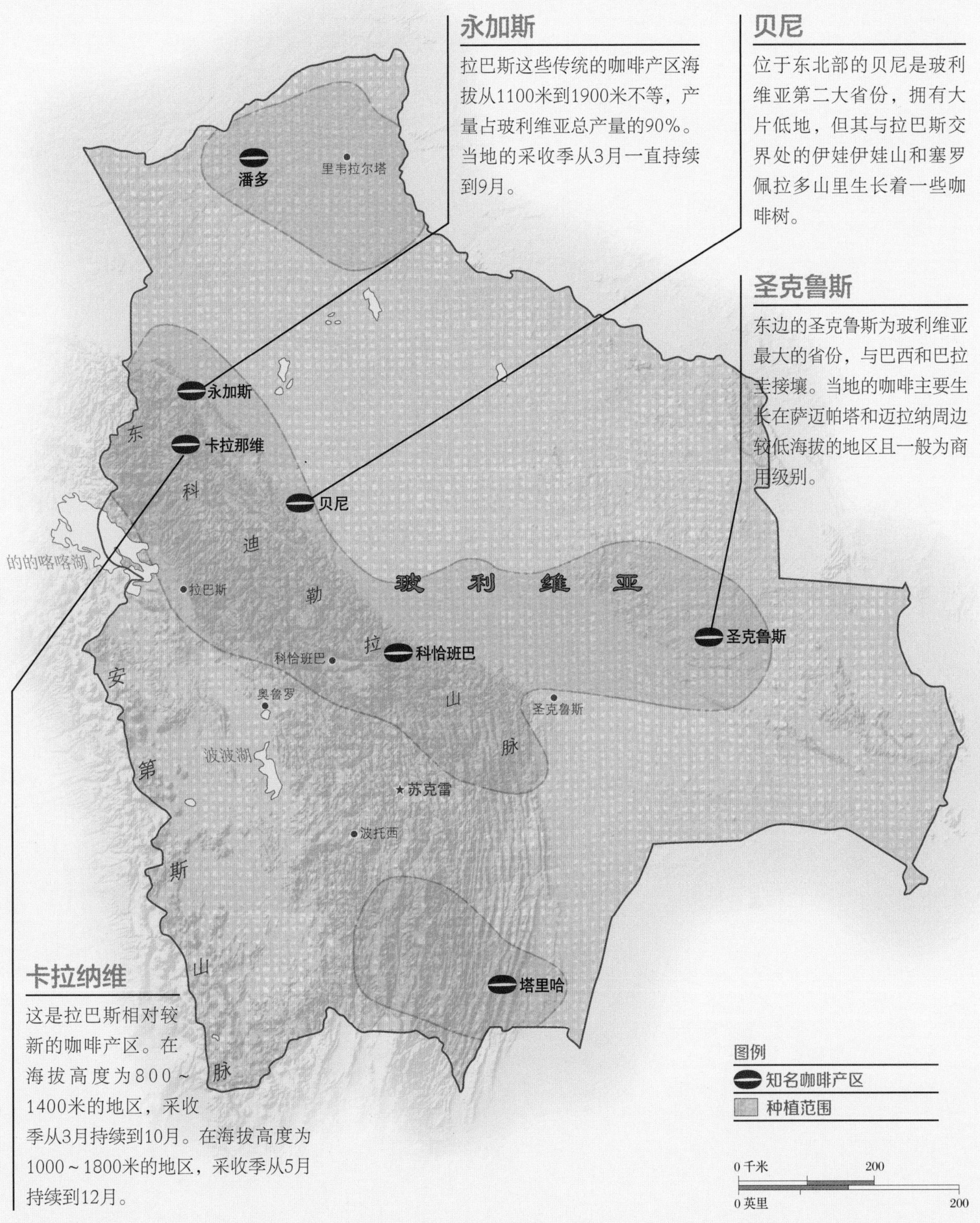

永加斯

拉巴斯这些传统的咖啡产区海拔从1100米到1900米不等，产量占玻利维亚总产量的90%。当地的采收季从3月一直持续到9月。

贝尼

位于东北部的贝尼是玻利维亚第二大省份，拥有大片低地，但其与拉巴斯交界处的伊娃伊娃山和塞罗佩拉多山里生长着一些咖啡树。

圣克鲁斯

东边的圣克鲁斯为玻利维亚最大的省份，与巴西和巴拉圭接壤。当地的咖啡主要生长在萨迈帕塔和迈拉纳周边较低海拔的地区且一般为商用级别。

卡拉纳维

这是拉巴斯相对较新的咖啡产区。在海拔高度为800～1400米的地区，采收季从3月持续到10月。在海拔高度为1000～1800米的地区，采收季从5月持续到12月。

秘鲁

秘鲁生产少量口感宜人均衡、带泥土和草本调性的咖啡。

秘鲁虽然生产高品质的咖啡，但始终没有出台统一的标准，最主要的原因是国内物流跟不上。不过政府在持续投资打造教育和道路等基础设施及新产区，特别是种植新阿拉比卡的北部产区。

秘鲁主要种植阿拉比卡变种，如铁皮卡、波旁和卡杜拉。大概九成的咖啡生长于约12万座小型农场上，其中大部分农场平均占地2公顷左右。

北部

约70%的秘鲁咖啡来自培育新阿拉比卡的北部地区。大部分咖啡为有机种植。

中部

这里海拔高度为1200~2000米，主要生产酸质宜人温和、口感均衡的有机咖啡。

南部

这里是秘鲁最小的咖啡产区。大部分咖啡为大宗商品或通过合作社售卖，因此很难溯源。

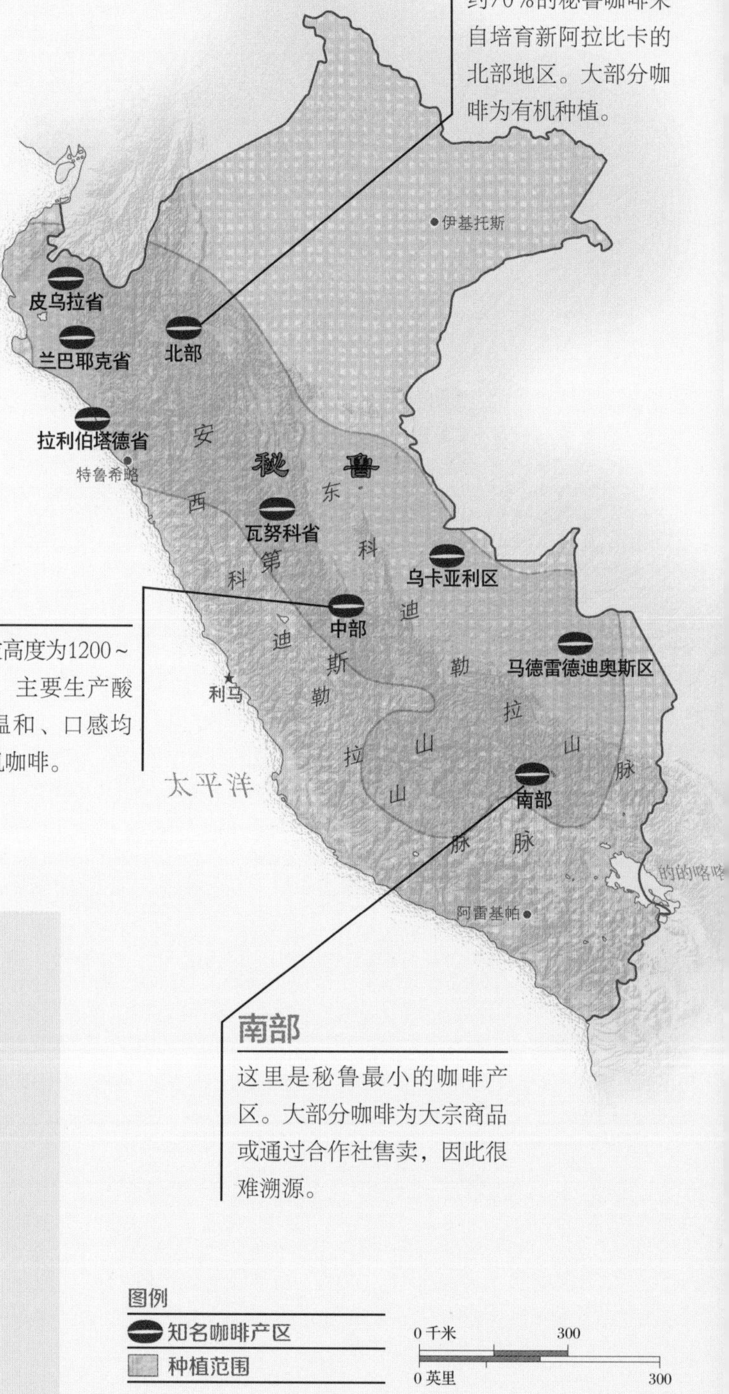

秘鲁咖啡 关键数据

全球市场占比 2.4%

产季 5—9月

处理法 水洗

主要品种 阿拉比卡（铁皮卡、波旁、卡杜拉、帕奇和卡蒂姆）

全球咖啡生产国排名 第9位

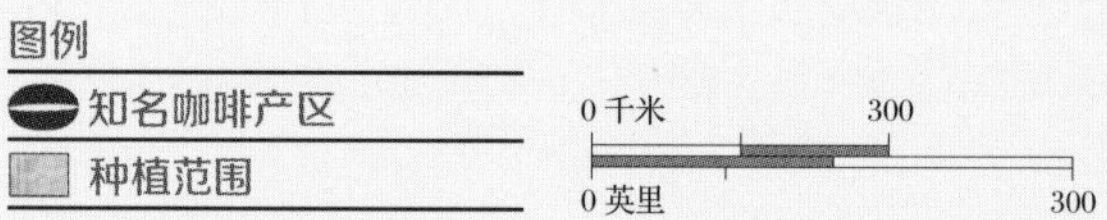

厄瓜多尔

因出自不同生态系统，厄瓜多尔咖啡在风味上千差万别，但大多都呈现出经典的南美特质。

上述南美特质包括醇厚度中等，酸质有层次，甜味宜人。厄瓜多尔的咖啡产业面临信贷措施缺位、产量低和人工成本高等挑战，这对品质的保障极为不利。从 1985 年起至今，国内的总咖啡种植面积减半。厄瓜多尔生产罗布斯塔和低品质阿拉比卡。大多数咖啡为荫栽和有机种植，大部分小农户都自建有加工站。该国的高海拔地区有出产高品质咖啡的潜力。除铁皮卡和波旁变种外，当地还种植卡杜拉、卡杜艾、帕卡斯和萨奇莫。

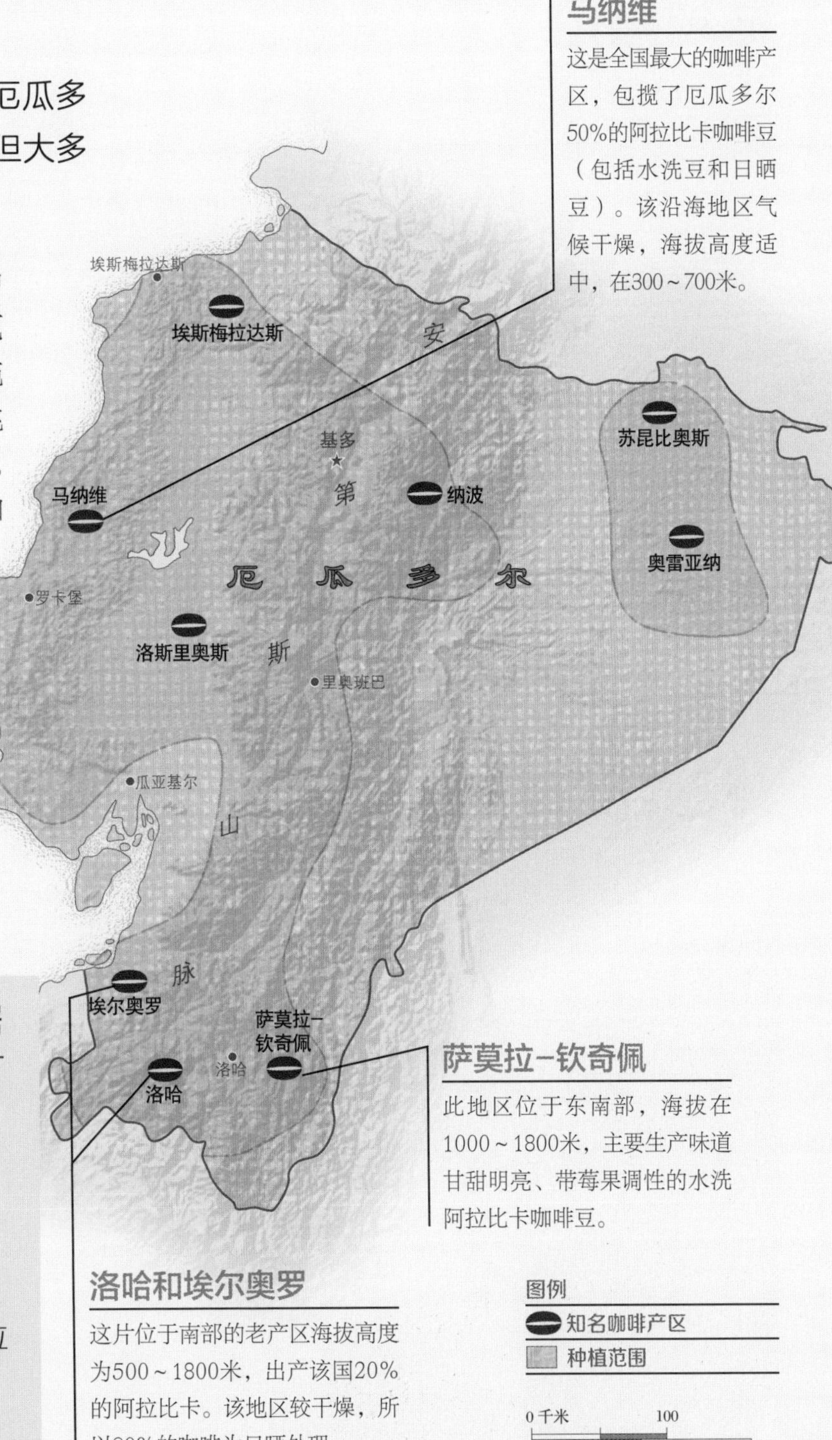

马纳维

这是全国最大的咖啡产区，包揽了厄瓜多尔50%的阿拉比卡咖啡豆（包括水洗豆和日晒豆）。该沿海地区气候干燥，海拔高度适中，在300～700米。

萨莫拉-钦奇佩

此地区位于东南部，海拔在1000～1800米，主要生产味道甘甜明亮、带莓果调性的水洗阿拉比卡咖啡豆。

洛哈和埃尔奥罗

这片位于南部的老产区海拔高度为500～1800米，出产该国20%的阿拉比卡。该地区较干燥，所以90%的咖啡为日晒处理。

厄瓜多尔咖啡 关键数据

全球市场占比 0.4%

产季 5—9月

处理法 水洗和日晒

主要品种 60%阿拉比卡，40%罗布斯塔

全球咖啡生产国排名 第21位

危地马拉

有些危地马拉咖啡具有极其特别的地方风味特征，比如带可可和太妃糖调性的甘甜风味以及酸质清爽的草本、柑橘或花香风味。

危地马拉拥有从山脉到平原的多样地形、各式雨型以及肥沃土壤，因此形成的众多微气候催生出了丰富多变的咖啡风味。

几乎所有省份都出产咖啡。危地马拉国家咖啡协会认证了8个地方风味别具一格的主产区。这些产区种植的品种和微气候各异，因此所产咖啡的香气和风味变化万千。种植面积在27万公顷左右，出产的咖啡大部分为水洗处理的阿拉比卡，包括波旁和卡杜拉等。西南部的低海拔地区种植了少量罗布斯塔。危地马拉拥有近10万名咖农，人均持有2～3公顷的小型农场。大部分咖农将咖啡果实送往加工站进行处理（参见第20～23页），但小型 beneficios（加工站）逐渐在农户当中普及开来。

本地技术

"injerto reina"是指将阿拉比卡树茎嫁接到罗布斯塔树根上。这样培育出来的阿拉比卡树既能保留风味，又能抵抗病害。

危地马拉咖啡 关键数据

全球市场占比 2.3%

产季 11月—次年4月

处理法 水洗，少批量日晒

主要品种 98%阿拉比卡（波旁、卡杜拉、卡杜艾、铁皮卡、象豆和帕奇）；2%罗布斯塔

全球咖啡生产国排名 第11位

山坡上的种植园

在高海拔的危地马拉咖啡产区，山坡青葱翠绿，时常云雾缭绕。

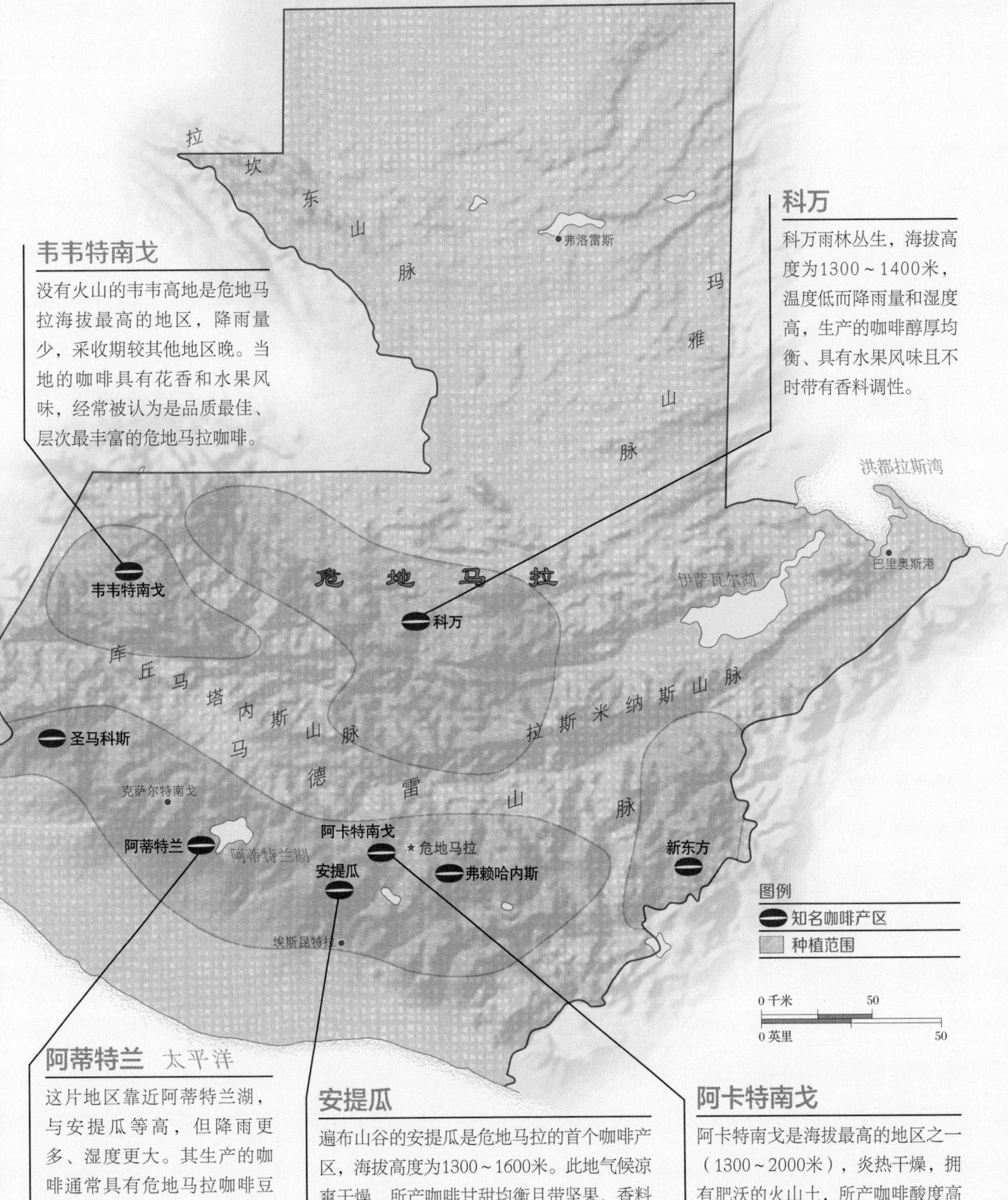

韦韦特南戈

没有火山的韦韦高地是危地马拉海拔最高的地区，降雨量少，采收期较其他地区晚。当地的咖啡具有花香和水果风味，经常被认为是品质最佳、层次最丰富的危地马拉咖啡。

科万

科万雨林丛生，海拔高度为1300～1400米，温度低而降雨量和湿度高，生产的咖啡醇厚均衡、具有水果风味且不时带有香料调性。

阿蒂特兰

这片地区靠近阿蒂特兰湖，与安提瓜等高，但降雨更多、湿度更大。其生产的咖啡通常具有危地马拉咖啡豆的经典特征：明亮，柑橘和巧克力风味，醇厚，芬芳。

安提瓜

遍布山谷的安提瓜是危地马拉的首个咖啡产区，海拔高度为1300～1600米。此地气候凉爽干燥，所产咖啡甘甜均衡且带坚果、香料和巧克力调性。

阿卡特南戈

阿卡特南戈是海拔最高的地区之一（1300～2000米），炎热干燥，拥有肥沃的火山土，所产咖啡酸度高且风味非常复杂多变。

萨尔瓦多

某些出自萨尔瓦多的咖啡风味精致深奥。这里的咖啡总体口感甘甜顺滑，带干果、柑橘、巧克力和焦糖调性。

首批阿拉比卡变种来到萨尔瓦多之后，适逢该国政治和经济问题丛生，只能被丢到田地里，无人问津。如今所种植的咖啡品种里约 2/3 为波旁，另外 1/3 由大部分帕卡斯和少量帕卡马拉组成。帕卡马拉是萨尔瓦多本国培育的种内杂交种，颇受欢迎。

萨尔瓦多有 2 万名左右咖农，其中 95% 拥有面积不超过 20 公顷、海拔高度为 500 ~ 1200 米的小型农场。几乎一半农场位于阿帕内卡-伊拉马特佩克产区。这里的咖啡为荫栽，因此咖啡庄园在防止滥砍滥伐和保护野生动物栖息地方面起到了重要作用。如果这些遮阴树消失，可以说萨尔瓦多也就完全失去天然森林了。

近年来，咖农将大部分注意力放在了改进咖啡品质及向精品咖啡买家推销自产咖啡上，这种贸易模式能助其更有效地抵抗商品市场的波动。

阿洛特佩克-梅塔潘

这片面积较小的火山区位于西北部，包含著名的圣塔安娜省和查拉特南戈省。该地区的咖啡农场最少，但某些咖啡被认定为顶级的。

阿帕内卡-伊拉马特佩克

这片山区是该国内最大的咖啡产区，囊括了圣安娜省、松索纳特省和阿瓦查潘省，坐拥全国大多数大中型咖啡庄园。

巴尔萨莫-库尔扎尔佩克

中部咖啡带南部的巴尔萨莫山脉和圣萨尔瓦多火山地区拥有近4000位咖农。当地生产的咖啡醇厚度高，具有中美洲经典的均衡感。

咖啡种植园

通常将咖啡树和假香蕉树、其他果树或用材林进行间作种植。

钦琼特佩克

拉巴斯省、圣维森特省和库斯卡特兰省的咖啡产量不高，但其风味饱满，受欢迎程度不断提高。

卡卡瓦提克

这是全国第二小的地区，90%的咖农人均占有7公顷的土地。当地生产的咖啡总体较轻盈、偏甜、略带花香。

铁卡帕－钦纳梅卡

这片横跨乌苏卢坦省和圣米格尔省的东部地区知名度不高，但能生产出风味极其复杂的高品质咖啡。

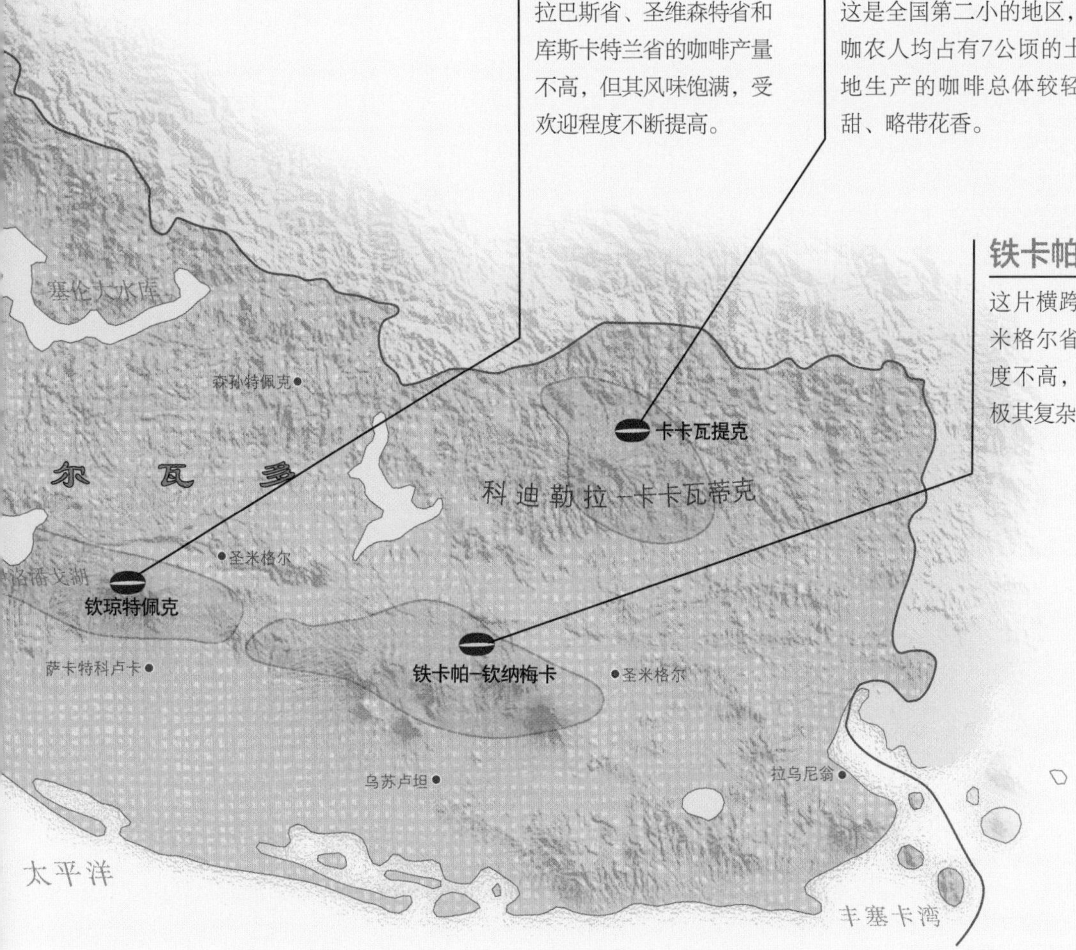

塞伦大水库
森孙特佩克
卡卡瓦提克
尔 瓦 多
科迪勒拉－卡卡瓦蒂克
圣米格尔
洛盆戈湖
钦琼特佩克
萨卡特科卢卡
铁卡帕－钦纳梅卡
圣米格尔
乌苏卢坦
拉乌尼翁
太平洋
丰塞卡湾

萨尔瓦多咖啡 关键数据

全球市场占比 0.41%

产季 10月—次年3月

处理法 水洗，部分日晒

主要品种 阿拉比卡（波旁、帕卡斯、帕卡马拉、卡杜拉、卡杜艾和卡蒂斯奇）

全球咖啡生产国排名 第20位

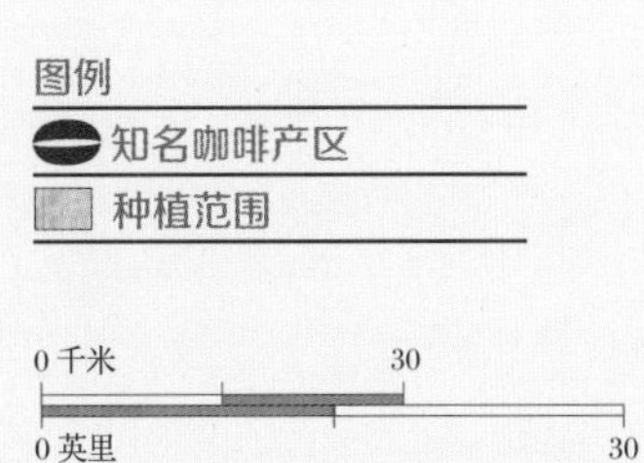

哥斯达黎加

哥斯达黎加的咖啡美味好入口。它们甜味层次丰富，酸质细腻，口感香醇，风味表现为柑橘和花香。

哥斯达黎加深以自己种植生产的咖啡为傲。为了保护铁皮卡、卡杜拉和维拉萨奇等阿拉比卡变种，该国下达了罗布斯塔种植禁令。政府也颁布了严格的环保准则来保护脆弱的生态系统和咖啡种植的未来。

哥斯达黎加有5万余名咖农，其中90%为人均所有农田小于5公顷的小生产者。咖啡行业有一段算得上是品质革命的经历。大量微型加工站在产区周围拔地而起，个体生产者或小规模咖农团体得以掌控咖啡豆的处理环节、让农作物增值，以及与世界各地的买家直接交易。

尽管市场不太稳定，但年轻一代看到此行业的发展势头，纷纷继承了家业，只可惜这样的趋势在其他国家和地区鲜有。

本地技术

哥斯达黎加使用“蜜处理”来描述半日晒处理法，即内果皮上会残留不同程度的果肉。蜜处理包括白蜜处理、黄蜜处理、红蜜处理、黑蜜处理和金蜜处理。

哥斯达黎加咖啡 关键数据

全球市场占比 0.93%

产季 因地区而异

处理法 水洗，蜜处理，日晒

主要品种 阿拉比卡（铁皮卡、卡杜拉、卡杜艾、维拉萨奇、波旁、瑰夏和维拉罗伯）

全球咖啡生产国排名 第15位

中部谷地

这是中美洲第一个咖啡产区，现也是人口最密集的区域。大部分咖啡的生长海拔高度为1000～1400米，采收期为11月至次年3月。

三河

三河面积较小，位于塔拉珠和中部谷地之间、圣何塞以东。这里的咖啡生长于1200～1650米的海拔高度，具有经典的高均衡感。采收期为8月至次年2月。

西部谷地

哥斯达黎加中部山脉的山坡非常适合种植咖啡，是全国海拔最高的产区之一，可达2000米。该地区较国内其他地方更为富裕，其75%的农场为森林保护区。采收期为11月至次年4月。

塔拉珠

塔拉珠或许是哥斯达黎加最知名的咖啡产区，主要种植卡杜拉和卡杜艾。这些荫栽咖啡位于1200～1900米的海拔高度上。不同分区的咖啡有不同特征和各式复杂风味。采收期从11月持续到次年3月。

布伦卡

20世纪50年代，这片位于哥斯达黎加最南端的地区才开始种植咖啡。此产区主要由较凉爽潮湿的科托布鲁斯和海拔较高（1700米）的佩雷斯塞莱东组成。采收期为9月到次年2月。

尼加拉瓜

顶级的尼加拉瓜豆风味多样，有甘甜、乳脂软糖和牛奶巧克力风味，也有更馥郁精致的风味，还有偏酸、草本、咸香和蜂蜜风味。总之，各地咖啡都有别具一格的风味特征。

地广人稀的尼加拉瓜绝对有能力种出极好的咖啡，但苦于飓风的破坏力和政治经济动荡，其咖啡的产量和名声都大打折扣。尽管如此，咖啡一直是该国主要的出口品，所以生产者急切地想要恢复本国咖啡在精品市场上的地位，也在持续借助不断改良的基础设施强化农业规范。

尼加拉瓜约有 4 万名咖农，其中 80% 的咖农人均持有面积小于 3 公顷、海拔高度在 800 ~ 1900 米的农场。当地种植的大部分咖啡为阿拉比卡，包括波旁和帕卡马拉等变种。因购买化学肥料的资金短缺，这些咖啡通常为有机种植。咖农会将咖啡卖给大型加工站，因此很难对种植者进行溯源，但目前私人农场开始直接对接精品咖啡买家了。

尼加拉瓜咖啡 关键数据

全球市场占比 1.45%

产季 10月—次年3月

处理法 水洗，部分日晒和半日晒

主要品种 阿拉比卡（卡杜拉、波旁、帕卡马拉、象豆、马拉卡杜拉、卡杜艾和卡蒂姆）

全球咖啡生产国排名 第12位

提高产量

咖农为提高咖啡树的产量，开始以更有效的方式修剪树枝和施肥。

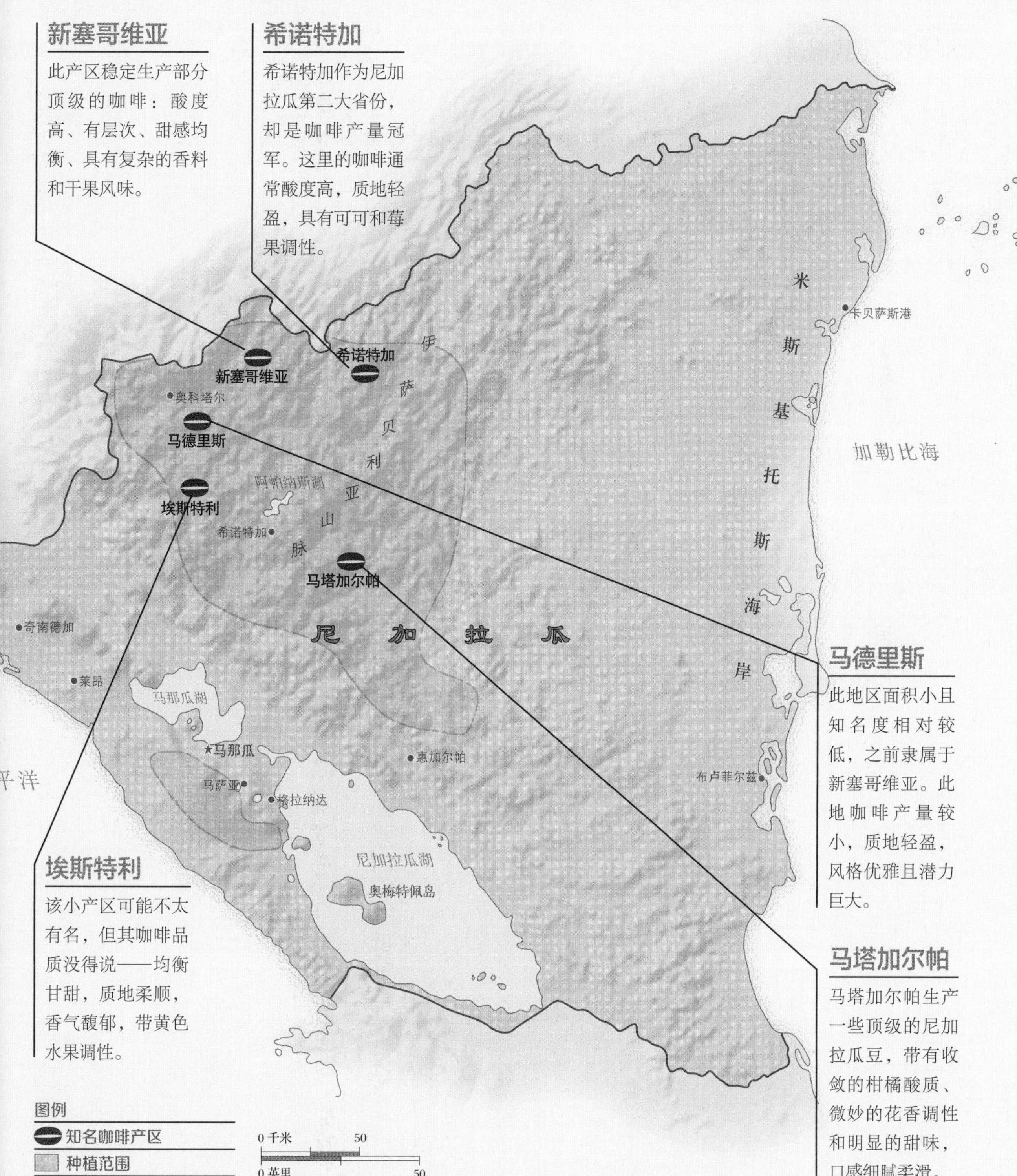

新塞哥维亚

此产区稳定生产部分顶级的咖啡：酸度高、有层次、甜感均衡、具有复杂的香料和干果风味。

希诺特加

希诺特加作为尼加拉瓜第二大省份，却是咖啡产量冠军。这里的咖啡通常酸度高，质地轻盈，具有可可和莓果调性。

马德里斯

此地区面积小且知名度相对较低，之前隶属于新塞哥维亚。此地咖啡产量较小，质地轻盈，风格优雅且潜力巨大。

埃斯特利

该小产区可能不太有名，但其咖啡品质没得说——均衡甘甜，质地柔顺，香气馥郁，带黄色水果调性。

马塔加尔帕

马塔加尔帕生产一些顶级的尼加拉瓜豆，带有收敛的柑橘酸质、微妙的花香调性和明显的甜味，口感细腻柔滑。

洪都拉斯

中美洲一些风味特征差异最大的咖啡豆就出自洪都拉斯——可以是柔和低酸、带坚果和太妃糖风味的咖啡，也可以是具有肯尼亚豆风格的高酸度咖啡。

洪都拉斯能种出味道非常干净、风味多变的咖啡，但其基础设施落后且缺乏可控的干燥设备。

3个省份为洪都拉斯贡献了一半以上的咖啡产量。小农户主要种植阿拉比卡变种，包括帕卡斯和铁皮卡。这里的咖啡通常默认为有机种植，且几乎都为荫栽。国家咖啡研究所正在针对培训和教育进行投资，以促进本地精品咖啡的发展。

科潘产区

科潘省、奥科特佩克省、科尔特斯省、圣巴巴拉省和伦皮拉省部分地区组成了科潘产区。该地生产的咖啡醇厚度高，带可可风味，甜味突出。

蒙特西洛斯

此地区涵盖拉巴斯省及科马亚瓜、因蒂布卡和圣巴巴拉的部分区域，拥有部分洪都拉斯境内海拔最高的咖啡庄园，所以此地生产的咖啡明亮有层次且带有柑橘风味。

阿加尔塔

阿加尔塔横跨奥兰乔省和约罗省。当地产的咖啡有时为热带和甘甜风味、酸度高、带巧克力调性。

洪都拉斯咖啡 关键数据

全球市场占比 4%

产季 11月—次年4月

处理法 水洗

主要品种 阿拉比卡（卡杜拉、卡杜艾、帕卡斯和铁皮卡）

全球咖啡生产国排名 第6位

巴拿马

巴拿马的咖啡甘甜均衡，饱满适口，偶尔带花香或柑橘调。瑰夏等稀有变种非常昂贵。

巴拿马大部分咖啡出自西部的奇里基省，此地的气候和沃土都非常适合咖啡的生长。奇里基火山地区海拔高，有助于咖啡缓慢成熟。此地区主要种植卡杜拉和铁皮卡等阿拉比卡变种。咖啡庄园多为中小型和家庭式经营。巴拿马具有一流的处理设施和先进的基础设施。鉴于经济发展会对农田构成威胁，当地咖啡的未来不太明朗。

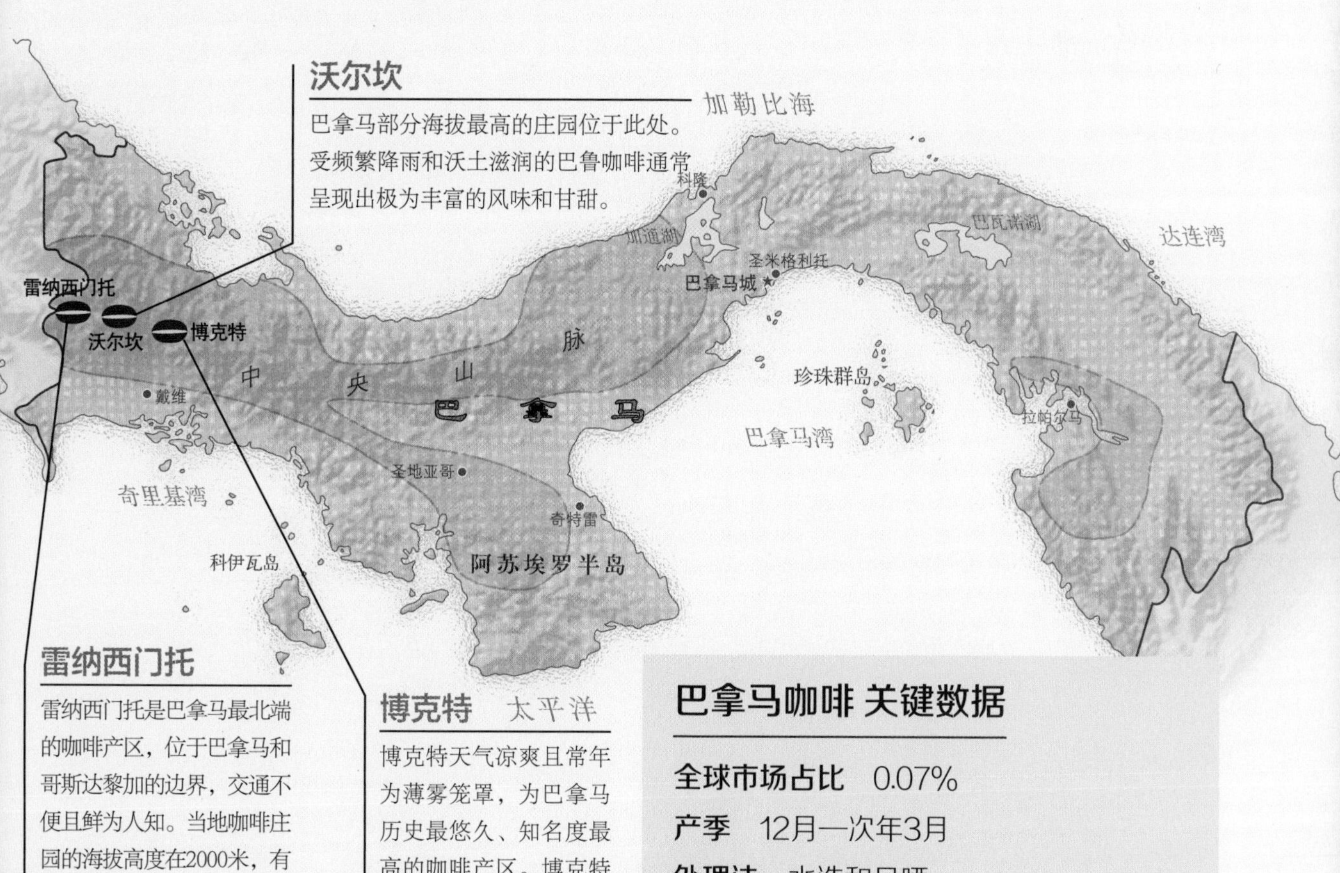

沃尔坎

巴拿马部分海拔最高的庄园位于此处。受频繁降雨和沃土滋润的巴鲁咖啡通常呈现出极为丰富的风味和甘甜。

雷纳西门托

雷纳西门托是巴拿马最北端的咖啡产区，位于巴拿马和哥斯达黎加的边界，交通不便且鲜为人知。当地咖啡庄园的海拔高度在2000米，有潜力生产出味道干净且酸度高的咖啡。

博克特

博克特天气凉爽且常年为薄雾笼罩，为巴拿马历史最悠久、知名度最高的咖啡产区。博克特咖啡酸度较低，风味从可可到水果丰富多变，有些售价为世界之最。

巴拿马咖啡 关键数据

全球市场占比 0.07%

产季 12月—次年3月

处理法 水洗和日晒

主要品种 阿拉比卡（卡杜拉、卡杜艾、铁皮卡、瑰夏和新世界）；部分罗布斯塔

全球咖啡生产国排名 第36位

世界咖啡地图

加勒比海地区和北美洲

墨西哥

来自墨西哥的咖啡在精品市场上逐渐崛起，因其甘甜、柔顺、温和和均衡的风味而广受欢迎。

约 70% 的墨西哥咖啡来自海拔 400 ~ 900 米的地区。该国的咖啡从业人口超过了 30 万，大部分为持有小型农场的生产者，其所占土地面积不足 25 公顷。这些生产者因陷于产量低、财政支持有限、基础设施落后和技术援助缺乏的窘境，很难提高咖啡品质。不过，精品咖啡买家和有能力培育出高品质咖啡的生产者正在努力对接。在 1700 米海拔高度种植咖啡的合作社和庄园也开始出口独具个性和层次丰富的咖啡。

墨西哥咖啡几乎都为水洗阿拉比卡，包括波旁和铁皮卡等。低地的产季始于 11 月左右，而海拔较高的地区在来年的 3 月前后才停止采收。

某苗圃中的咖啡树苗

和其他大部分国家及地区一样，墨西哥也是先在搭建有遮阴棚的苗圃中培育咖啡树苗（参见第 16 ~ 17 页）。

墨西哥咖啡 关键数据

全球市场占比 2.4%

产季 11月—次年3月

处理法 水洗，部分日晒

主要品种 90%阿拉比卡（波旁、铁皮卡、卡杜拉、新世界、象豆、卡蒂姆、卡杜艾和加尼卡）；10%罗布斯塔

全球咖啡生产国排名 第10位

普埃布拉

普埃布拉是墨西哥第四大咖啡产区。种植区的海拔高度为1400米，生产的咖啡总体柔和偏淡、带坚果调性。

恰帕斯

恰帕斯的咖啡具有核果风味和可可调性。这片热带雨林位于该国东南角，地处墨西哥和危地马拉的交界处，是墨西哥面积最大、人气最旺的咖啡产区。

韦拉克鲁斯

韦拉克鲁斯紧邻墨西哥湾，咖啡种植区有低有高，这造就了咖啡的丰富风味和特质。

瓦哈卡州

此地区位于墨西哥南部海岸。咖啡生长于1700米海拔高度，醇厚度中等，带巧克力和杏仁调性及些微酸度。

波多黎各

波多黎各是最小的咖啡生产国之一，其所产咖啡甘甜低酸，质地平滑圆润，带雪松、草本和杏仁调性。

近年来，受政治动荡、气候变化和高生产成本的影响，波多黎各的咖啡产量接连下滑。预计因人手不足，近一半的咖啡无人收割。

咖啡庄园分布在林孔到奥罗科维斯方向上的中西部山区，大部分海拔高度为 750 ~ 850 米。有望向更高地势发展咖啡种植，如最高峰达 1338 米的庞塞。

该国主要种植波旁、铁皮卡、帕卡斯和卡蒂姆等阿拉比卡变种。波多黎各人饮用的咖啡仅 1/3 为国产，其他 2/3 来自多尼米加共和国和墨西哥。该国的咖啡出口量不大。

阿德洪塔斯

地中海地区的移民将咖啡带到了阿德洪塔斯。该地气候凉爽，海拔高度可达1000米，因此被誉为“波多黎各的瑞士”。

哈尤亚

哈尤亚位于中央山脉的热带云雾森林，为波多黎各海拔第二高的地区，也被当地人认作该国的首都。

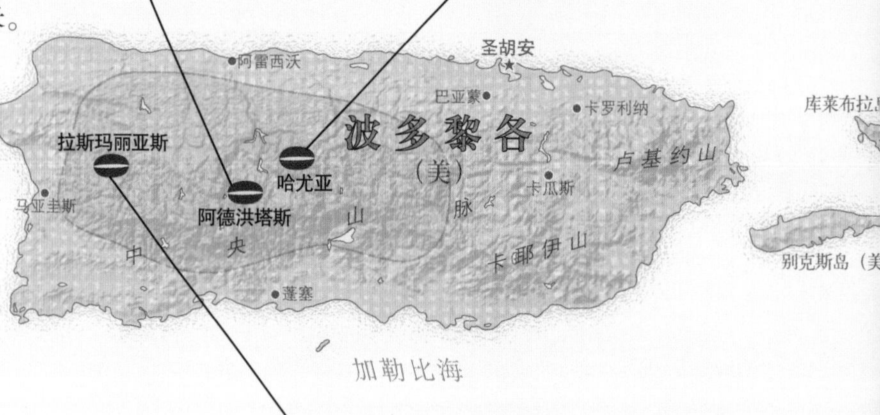

拉斯玛丽亚斯

拉斯玛丽亚斯被称为柑橘之都，其农业以咖啡种植为主。许多老牌的咖啡种植园位于波多黎各咖啡旅游路线上。

波多黎各咖啡 关键数据

全球市场占比 0.04%

产季 8月—次年3月

处理法 水洗

主要品种 阿拉比卡（波旁、铁皮卡、卡杜拉、卡杜艾、帕卡斯、萨奇莫利马尼和三角卡蒂姆）

全球咖啡生产国排名 第42位

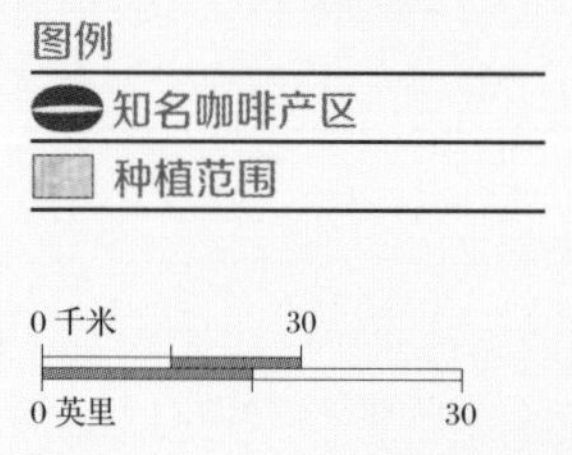

夏威夷

夏威夷的咖啡均衡、干净、淡丽且温和，醇厚度中等，带有些牛奶巧克力的风味和细微的水果酸质，有时香气浓郁且甘甜。

夏威夷主要种植铁皮卡、卡杜艾和卡杜拉等阿拉比卡变种。夏威夷咖啡销路好且价格昂贵，所以假货较泛滥，科纳咖啡最常被假冒。根据夏威夷岛的规定，含有10%及以上科纳豆的咖啡才能被冠以科纳咖啡之名，但美国大陆却无此规定，这点颇为引人争议。

当地产量和人工成本都很高，许多阶段已经实现了高度机械化。

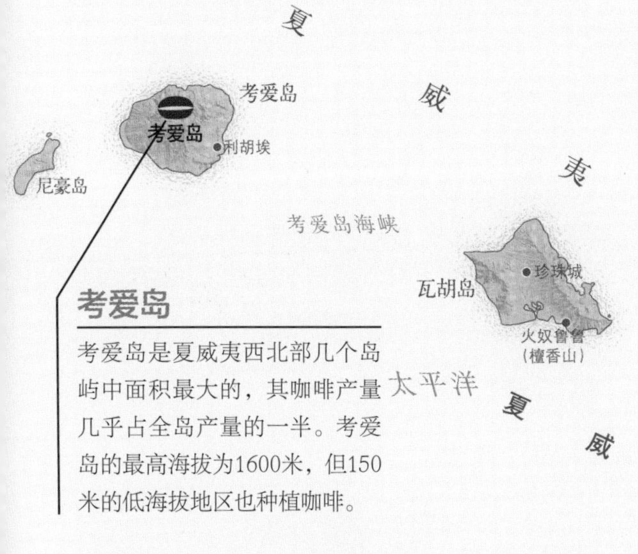

考爱岛

考爱岛是夏威夷西北部几个岛屿中面积最大的，其咖啡产量几乎占全岛产量的一半。考爱岛的最高海拔为1600米，但150米的低海拔地区也种植咖啡。

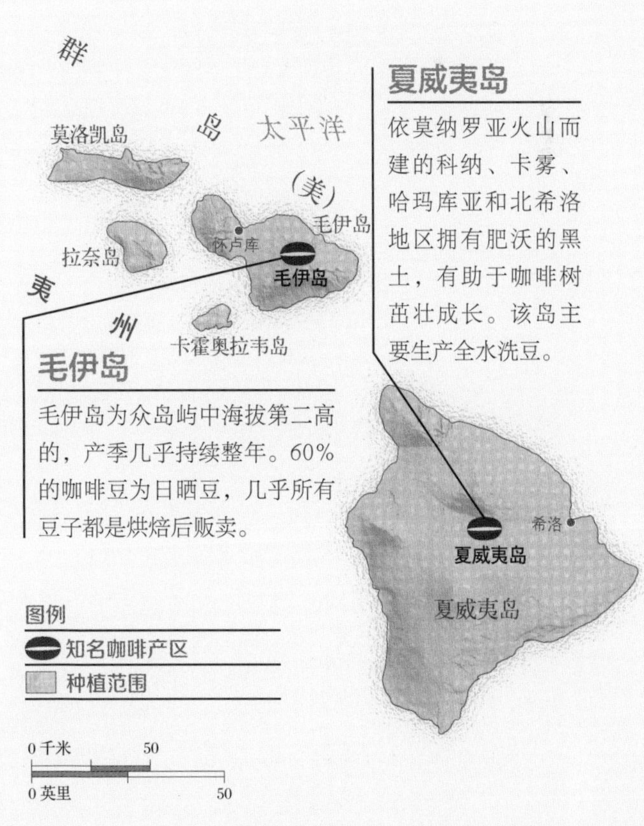

夏威夷岛

依莫纳罗亚火山而建的科纳、卡雾、哈玛库亚和北希洛地区拥有肥沃的黑土，有助于咖啡树苗壮成长。该岛主要生产全水洗豆。

毛伊岛

毛伊岛为众岛屿中海拔第二高的，产季几乎持续整年。60%的咖啡豆为日晒豆，几乎所有豆子都是烘焙后贩卖。

夏威夷咖啡 关键数据

全球市场占比 0.14%

产季 9月—次年1月

处理法 水洗和日晒

主要品种 阿拉比卡（铁皮卡、卡杜拉、卡杜艾、摩卡、蓝山和新世界）

全球咖啡生产国排名 第31位

牙买加

牙买加出产部分世界上最畅销、最昂贵的咖啡。这里的咖啡甘甜柔和且圆润，口感适中，带坚果调性。

最有名的牙买加咖啡产自蓝山山脉。这些标志性的蓝山咖啡豆以木桶而非黄麻袋或粗麻袋运输。它们售价高，市面上经常以假充真——要么完全贩假，要么往假货里混入部分蓝山豆。政府正在制定措施对蓝山咖啡进行保护。当地也盛产铁皮卡。

蓝山种植园

图中展示了一座位于蓝山山坡上的牙买加咖啡庄园，这里土壤肥沃且富含矿物质。

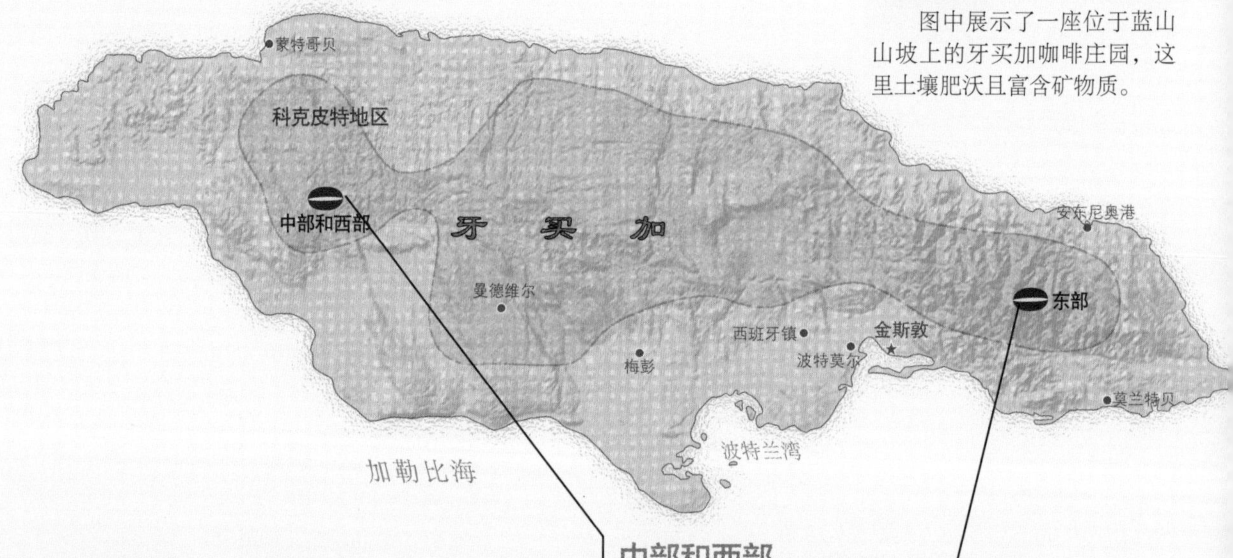

中部和西部

这些地方生产的咖啡虽然不叫蓝山，但都和蓝山产咖啡属于同一品种。这里地处特里洛尼区、曼彻斯特区、克拉伦登区和圣安娜区交界处，有多种不同的微气候，海拔较低，最高处在1000米左右。

东部

蓝山毗邻波特兰区和圣托马斯区，山峰海拔达2256米。这片山脉气候凉爽多雾，非常适合种植咖啡。

牙买加咖啡 关键数据

全球市场占比 0.01%

产季 9月—次年3月

处理法 水洗

主要品种 阿拉比卡，主要是铁皮卡、蓝山

全球咖啡生产国排名 第50位

图例

知名咖啡产区

种植范围

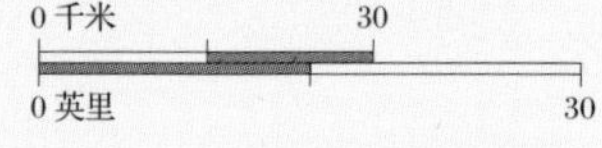

多米尼加共和国

此地有多个微气候各异的产区，生产醇厚度高、带巧克力和香料风味的咖啡，也生产明亮细腻、带花香调的咖啡。

喝国产咖啡的多米尼加人很多，因此供出口的数量就比较少了。大部分咖啡为阿拉比卡，包括铁皮卡、卡杜拉和卡杜艾。该国咖啡受低价打压和飓风袭击，品质不断下降。政府也在制定措施，以促进品质提升。

收割时节

多米尼加气候不稳定，也没有明显的雨季，因此收割期几乎持续整年。

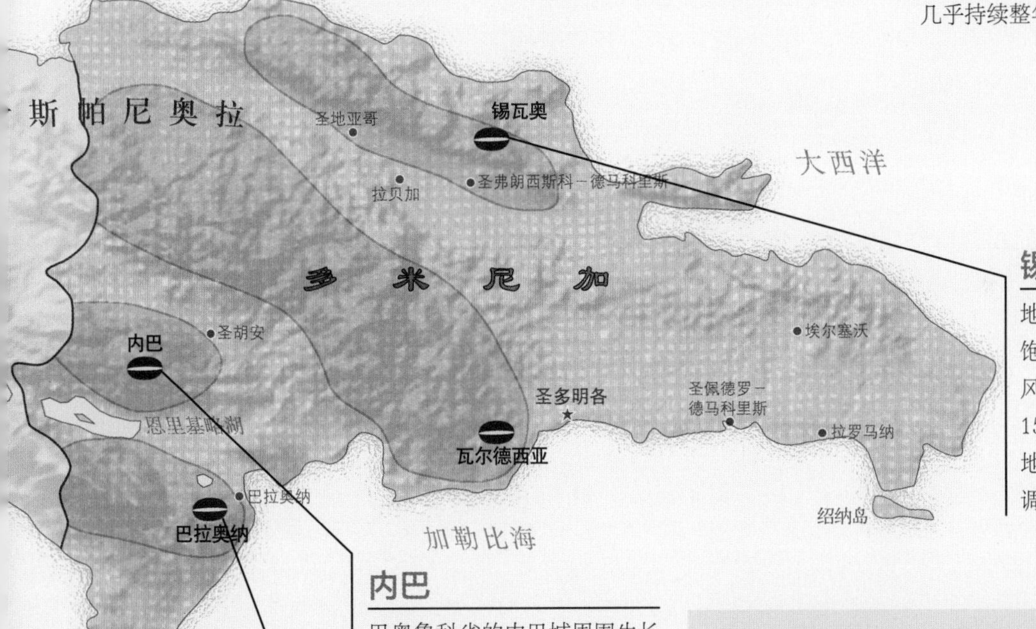

锡瓦奥

地势较低的区域生产饱满、甘甜、有坚果风味的咖啡，海拔达1500米的高地生产质地轻盈、带花香水果调的咖啡。

内巴

巴奥鲁科省的内巴城周围生长着一些醇厚度低、柠檬酸质非常突出的咖啡。采收期为11月到次年2月。

巴拉奥纳

巴拉奥纳兴许是最知名的咖啡大省。当地的咖啡生长于600～1300米的海拔高度，低酸而浓郁十足，带巧克力调性。

图例

知名咖啡产区

种植范围

0 千米 50

0 英里 50

多米尼加咖啡 关键数据

全球市场占比 0.26%

产季 9月—次年5月

处理法 水洗，部分日晒

主要品种 阿拉比卡，主要是铁皮卡、部分卡杜拉、卡杜艾、波旁和象豆

全球咖啡生产国排名 第25位

古巴

古巴咖啡褒贬不一且售价高，总体很醇厚、酸度低、甜味均衡、带有烟草田的气息。

古巴的山脉

古巴的山脉山势陡峭，气候凉爽，日照充足。

18世纪中期，咖啡被引进古巴。古巴曾一度是全球最大的咖啡出口国之一。该国主要种植阿拉比卡，包括维拉罗伯和伊斯拉 6-14。古巴咖啡的国内消耗量大于产量，因此只有极少部分被出口。古巴境内只有很小一片区域具有生产精品豆的海拔高度，但该国土壤富含矿物质，气候适宜，有望培育出更多精品豆。

西部

古巴最西端的咖啡庄园位于瓜尼瓜尼科山脉的奥尔加诺斯山和罗萨里奥山里，属于生物圈保护区的一部分。当地的咖啡较温和，口感好，有时会有香料味。

中部

埃斯坎布雷和瓜姆阿亚山脉位于古巴中部的南海岸，全长80千米。当地的咖啡种植区海拔不超过1000米。咖啡酸质温和，质地厚重，带雪松香气。

东部

古巴东部南海岸的马埃斯特腊山和水晶山地区具有境内最高的地势，马埃斯特腊山脉的图尔基诺峰海拔1974米。该地区拥有绝佳的气候，可以产出风味较丰富的精品咖啡。

古巴咖啡 关键数据

全球市场占比 0.07%

产季 7月—次年2月

处理法 水洗

主要品种 阿拉比卡（维拉罗伯和伊斯拉6-14）；部分罗布斯塔

全球咖啡生产国排名 第37位

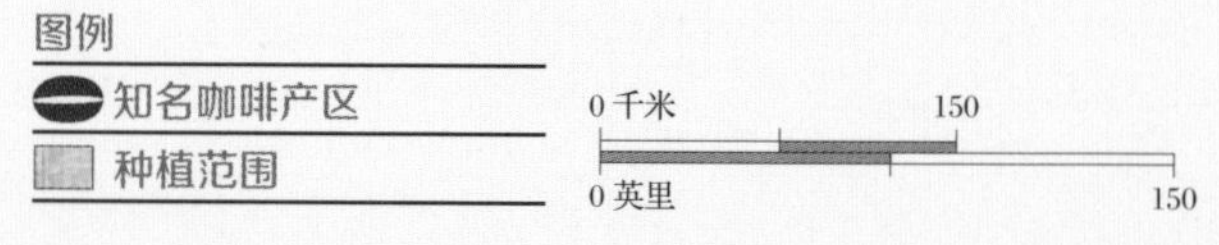

海地

海地的咖啡大部分为日晒处理，主要带坚果风味和水果调性。甘甜且带柑橘调性的水洗咖啡也越来越多。

海地自 1725 年起开始种植咖啡，其咖啡产量曾占到全球总产量的一半之多。后来，海地频频遭受政治动荡和自然灾害的冲击，咖啡种植区和有技术的小农户已所剩无几。海地国内巨大的咖啡消耗量也让其咖啡行业雪上加霜。不过，这些种植区位于 2000 米的海拔高度，幽林蔽日，也为该行业赋予了极大的发展潜力。海地种植铁皮卡、波旁和卡杜拉等阿拉比卡变种。

阿蒂博尼特和中部

这片区域的咖啡种植量不如北部省，但贝拉戴雷、萨瓦内特和阿蒂博尼特小河镇等地区具有巨大的发展潜力。

大湾

这片地区位于海地的最西端，全国17.5万户咖农家庭大多聚集于此，其中大部分持有小型农场，每座农场面积不超过7公顷。

南部和东南部

海地的南部海岸有许多超小型咖啡农场，特别是海地与多米尼加共和国的交界处。当地条件非常适合培育出高品质咖啡。

图例

知名咖啡产区

种植范围

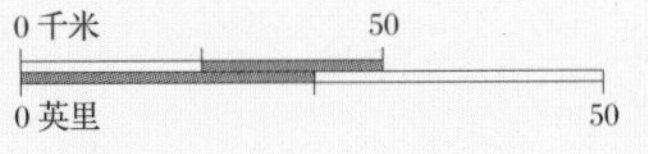

海地咖啡 关键数据

全球市场占比 0.22%

产季 8月—次年3月

处理法 日晒，部分水洗

主要品种 阿拉比卡（铁皮卡、波旁、卡杜拉、卡蒂姆和维拉罗伯）

全球咖啡生产国排名 第28位

器具

意式咖啡机

意式咖啡机借助泵压让水流过咖啡粉，以萃取出所需的可溶性物质。如操作得当，你将得到一份黏稠、浓郁、酸甜平衡的意式咖啡。意式咖啡机的使用方法参见第 46 ~ 51 页。

预热时间

将一台标准的意式咖啡机预热到正确温度需要20～30分钟。请在冲煮前记得预热。

准备材料

- 细研磨的咖啡粉（参见第41页）。

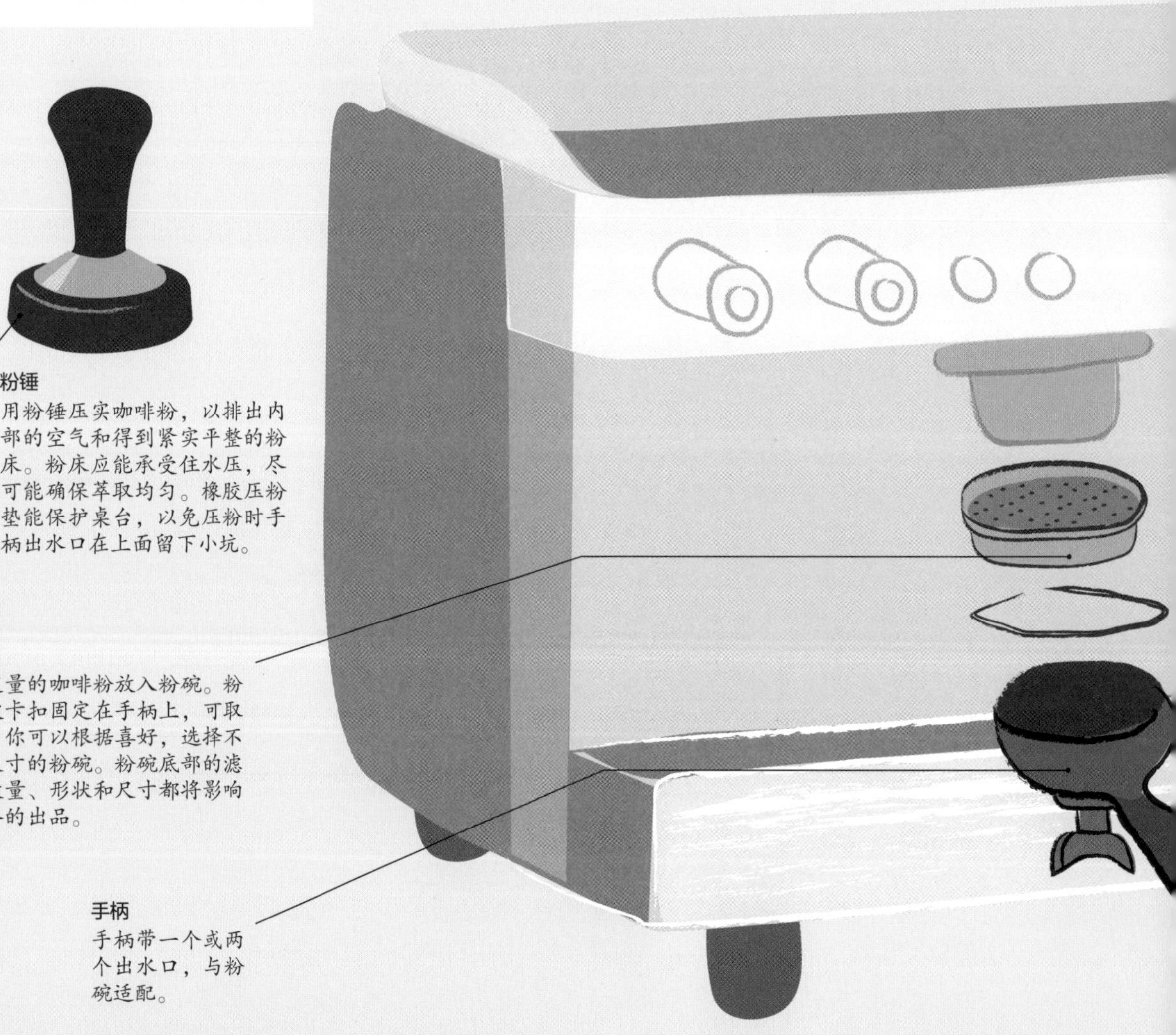

粉锤

用粉锤压实咖啡粉，以排出内部的空气和得到紧实平整的粉床。粉床应能承受住水压，尽可能确保萃取均匀。橡胶压粉垫能保护桌台，以免压粉时手柄出水口在上面留下小坑。

粉碗

将定量的咖啡粉放入粉碗。粉碗被卡扣固定在手柄上，可取下。你可以根据喜好，选择不同尺寸的粉碗。粉碗底部的滤孔数量、形状和尺寸都将影响最终的出品。

手柄

手柄带一个或两个出水口，与粉碗适配。

水温

将水温设置为90～95℃，以激发出咖啡中的最佳风味。有些咖啡适合高温冲煮，有些用较凉的水反而味道更佳。

压力表

许多家用意式咖啡机号称可提供超高压力，但其实没有必要。专业意式咖啡机的冲煮压力一般设置为900千帕，蒸汽压力为100～150千帕。有些咖啡机带预浸泡功能，即在完全施加压力之前，先出少量的水把粉饼打湿。

冲煮头

将手柄紧扣在冲煮头上。热水会通过金属分水网洒在粉床上，以达到均匀浸透和萃取的目的。

锅炉

意式咖啡机一般配有一台或两台锅炉，用于冲煮供水和热水以及产生打奶泡用的蒸汽。咖啡机上还有一个独立的热水出水口，做其他用途。

蒸汽棒

蒸汽棒应该是可以活动的，便于使用者根据需求调整角度。市面上提供多种规格的蒸汽头，你可以根据想要的蒸汽力道和方向进行选择。牛奶会很快在蒸汽棒内外凝结，因此须时刻保持蒸汽棒的清洁。

法压壶

经典法压壶有时也被称为 cafetière（编者注：咖啡机），操作简便快捷，非常适合用来冲煮好咖啡。先将水和咖啡粉放入壶中充分浸泡，然后按下压杆，让滤网通过咖啡液，以滤除油脂及细粉。法压壶做出来的咖啡口感绝佳。

准备材料

- 粗研磨的咖啡粉（参见第41页）。
- 电子秤，以确保正确的粉水比。

冲煮方法

1. 用热水预热法压壶，然后倒掉。将法压壶放在电子秤上，按“tare”键归零。
2. 将咖啡粉倒入法压壶，再次按“tare”键归零。推荐的粉水比为30克咖啡:500毫升水。
3. 注水，确保水量和水温（最好是90～94℃）正确。
4. 搅动咖啡一两次。
5. 让其浸泡4分钟，然后再次小心搅动表层。
6. 用小勺撇去表层的浮沫和颗粒。
7. 盖上盖子，轻轻向下按压压杆，直到咖啡粉被滤网推到底部。如果感到阻力太大，则说明咖啡粉过多、研磨度过细或浸泡时间不够长。
8. 再静置几分钟，然后倒出咖啡液。

清洁

- **一般可用于洗碗机** 请确认法压壶型号。
- **拆卸清洁** 防止卡在滤网中的咖啡粉和油脂让咖啡发苦或发酸。

滤杯

使用滤杯和滤纸进行手冲，可让咖啡液直接滴入咖啡杯或分享壶，非常简便。用完的咖啡粉可随滤纸一起丢掉，轻松又卫生。

准备材料

- 中度研磨的咖啡粉（参见第41页）。
- 电子秤，以确保正确的粉水比。

冲煮方法

1. 冲洗滤纸。用温水预热滤杯和咖啡壶/咖啡杯。将水倒掉。
2. 将咖啡壶/咖啡杯放置在电子秤上。将滤杯和滤纸搁在咖啡壶/咖啡杯上，按“tare”键归零。
3. 将咖啡粉倒入滤纸，再次按“tare”键归零。推荐的粉水比为60克咖啡:1升水。
4. 用少量水（最好是90～94℃）浸湿咖啡粉，焖蒸30秒左右，等待“膨胀的粉层（汉堡）”塌陷。
5. 缓慢持续注水或分段注水，直到注入正确的水量。咖啡液滴落完毕后，即可享用。

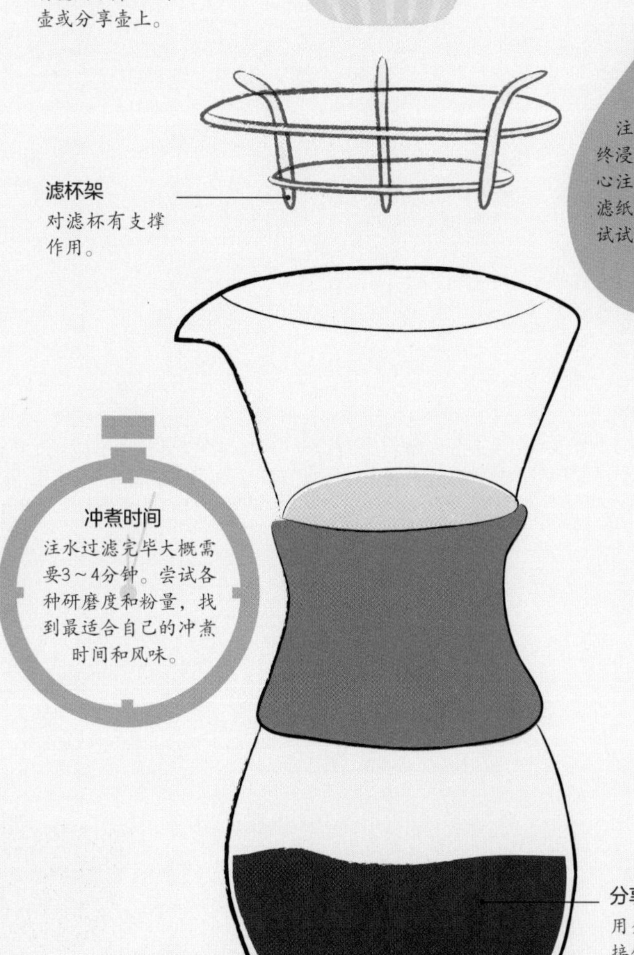

清洁

- **可用于洗碗机** 大部分滤杯可机洗。
- **用海绵清洗** 使用柔软的海绵和一些肥皂水冲洗掉油脂和颗粒。

滤布

滤布冲煮是一种传统的咖啡粉过滤法，也被称为“丝袜”或“法兰绒”冲煮。相较于滤纸，咖啡迷更喜欢使用没有纸味的滤布。滤布不能滤除油脂，因此冲煮出来的咖啡质地更浓厚。

准备材料

- 中度研磨的咖啡粉（参见第41页）。
- 电子秤，以确保正确的粉水比。

冲煮方法

1. 首次使用前，用热水彻底冲洗滤布，以达到清洁和预热的目的。如果此前将滤布进行了冷藏（参见下方），此步骤也将同时完成解冻。
2. 将滤布置于分享壶上，过一遍热水对其进行预热。将水倒掉。
3. 将冲煮器具放在电子秤上，按“tare”键归零。
4. 倒入咖啡粉，基本粉水比为15克咖啡:250毫升水。
5. 润湿咖啡粉，用少量水（90~94℃）浸湿咖啡粉，焖蒸30~45秒，等待“膨胀的粉层（汉堡）”塌陷。
6. 以小水流持续缓慢地注水或分段注水。咖啡液滴落完毕后，即可享用。

清洁

- **可重复使用** 倒掉残渣，用热水冲洗滤布。切勿使用肥皂水清洁。
- **保持湿润** 在滤布变干之前将其冷藏保存，或将其放入密封容器后再放入冰箱。

爱乐压

爱乐压是一种便捷卫生的冲煮器具，不仅能制作正常的过滤式咖啡，也能冲煮出味道更强烈的浓缩式咖啡（可用热水稀释后饮用）。爱乐压让研磨度、粉量和冲煮压力都非常值得玩味，不失为一种有趣又灵活的器具。

准备材料

- 细研磨至中度研磨的咖啡粉（参见第41页）。
- 电子秤，以确保正确的粉水比。

冲煮方法

1. 将压杆插入滤筒约2厘米。
2. 将爱乐压放在电子秤上，按“tare”键归零，然后将其反转，即压杆在下、滤筒在上。确保两者紧密贴合，放置平稳，不会倒下。
3. 将12克咖啡粉倒入滤筒，再次按“tare”键归零。
4. 加入200毫升热水，小心搅动，不要将爱乐压碰倒。静置30～60秒后再次搅动。
5. 将滤纸放入滤纸盖，冲洗一下，然后将滤纸盖装到滤筒上，拧紧。
6. 快速翻转爱乐压，但动作要轻，让滤纸盖朝下置于结实的咖啡杯或分享壶上。
7. 缓慢向下推动压杆，将咖啡液压入杯中即可享用。

其他操作方法

除步骤6中提到的将爱乐压翻转并倒扣在杯子上的做法外，你还可以换种方法，即先将滤纸盖（已放入滤纸）盖在空的爱乐压滤筒上，然后把滤筒放在杯子上。向滤筒中倒入咖啡粉和水后，立即将压杆插入滤筒，以防止咖啡液滴落（译者注：这两种方法分别称为“反压”和“正压”）。

压杆
压杆置于滤筒内。向下推动压杆让咖啡液通过滤纸盖。

滤筒
滤筒中的咖啡和水受到压杆挤压，通过滤纸。

滤纸盖
将滤纸放入滤纸盖，然后将滤纸盖装到滤筒上，拧紧。

清洁

- **拆解** 拧下滤纸盖，将压杆一推到底，让滤筒中的咖啡残渣弹出。丢掉残渣。
- **清洗** 使用肥皂水并充分冲洗，或使用洗碗机清洗。

虹吸壶

虹吸壶是最令人赏心悦目的冲煮器具之一，在日本尤其盛行。用此器具冲煮比较费时，但会带来一种仪式感，这也是虹吸壶的迷人之处。

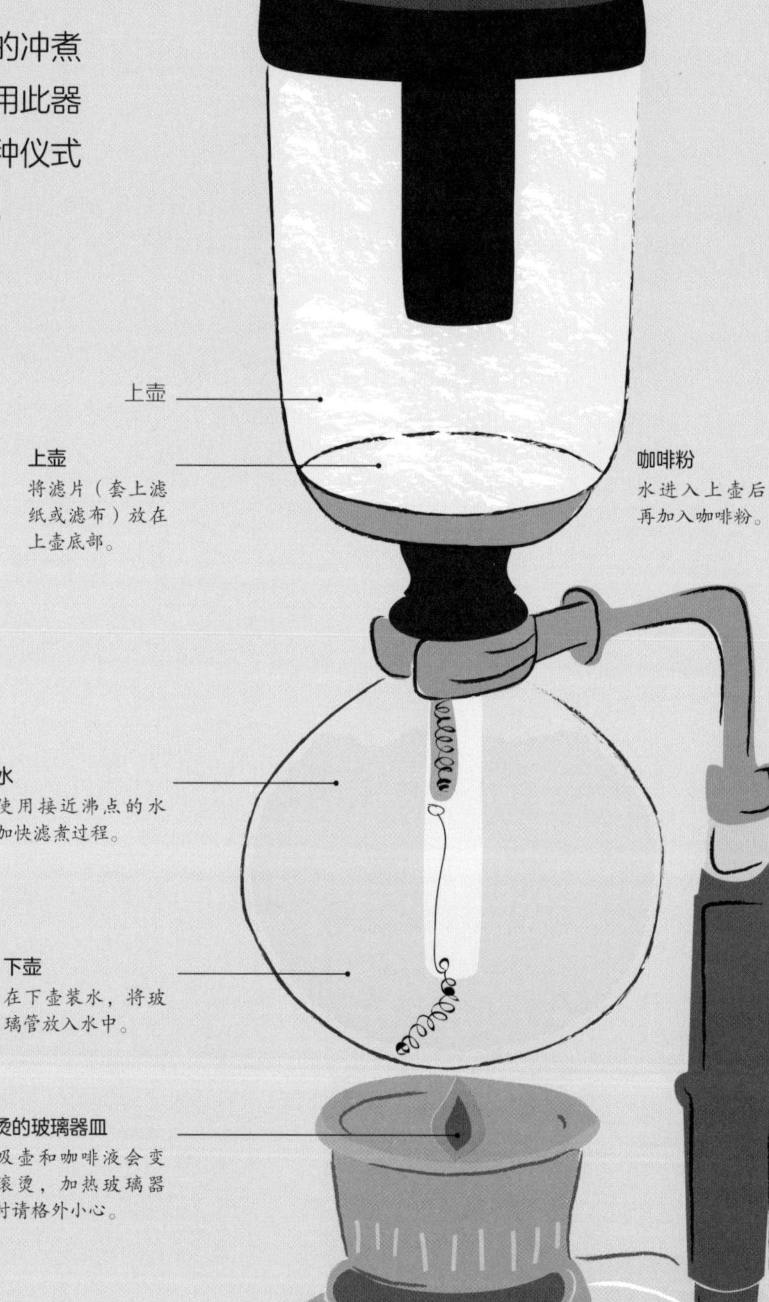

准备材料

- 中度研磨的咖啡粉（参见第41页）。

冲煮方法

1. 将接近沸点的水倒入虹吸壶下壶，注水量根据杯量而定。
2. 将滤片放入上壶，让滤片的链条穿过上壶下端的玻璃管，将链条上的钩子钩住玻璃管口。确保链条触碰到下壶底部。
3. 将玻璃管轻轻放入装好水的下壶。斜插上壶，勿使下壶密闭。
4. 点火，当水开始沸腾时，插紧上壶。不要插得太紧，只需确保下壶密闭。水将开始流向上壶，下壶中还剩一些水。
5. 当水几乎都进入上壶后，加入咖啡粉，粉水比为15克咖啡粉∶250毫升水，然后搅动几秒。
6. 冲煮1分钟。
7. 再次搅动咖啡粉，随后移开热源，此时水将回流到下壶。
8. 咖啡液完全流入下壶后，轻轻取下上壶，就可以享用咖啡了。

清洁

- **滤纸** 扔掉滤纸，用肥皂水冲洗滤片。
- **滤布** 查看第148页上的清洁方法。

炉上加热型咖啡壶

炉上加热型咖啡壶又称摩卡壶，其利用蒸汽压力冲煮咖啡，出品味道强劲、质地丝滑。人们一般认为摩卡壶是为了冲煮意式浓缩咖啡而生，但事实并非如此。摩卡壶的冲煮温度高，会让咖啡呈现出浓烈的风味。

准备材料

- 中度研磨的咖啡粉（参见第41页）。

冲煮方法

1. 向下壶中注入热水至安全阀以下。
2. 将咖啡粉放入滤斗，无须压实，粉水比为25克咖啡粉∶500毫升水。铺平咖啡粉。
3. 将滤斗放入下壶，然后拧紧上壶。
4. 用中火加热咖啡壶，无须盖上壶盖。
5. 咖啡液颜色变淡且开始冒气泡时，移开咖啡壶，停止加热。
6. 待气泡不再冒出，即可享用咖啡。

清洁

- **冷却** 待咖啡壶自然冷却30分钟后拆解，或用冷水冲洗使其冷却。
- **海绵和热水清洁** 切勿使用肥皂水清洁各个部件。使用热水和非磨蚀性的海绵或刷子清洁即可。

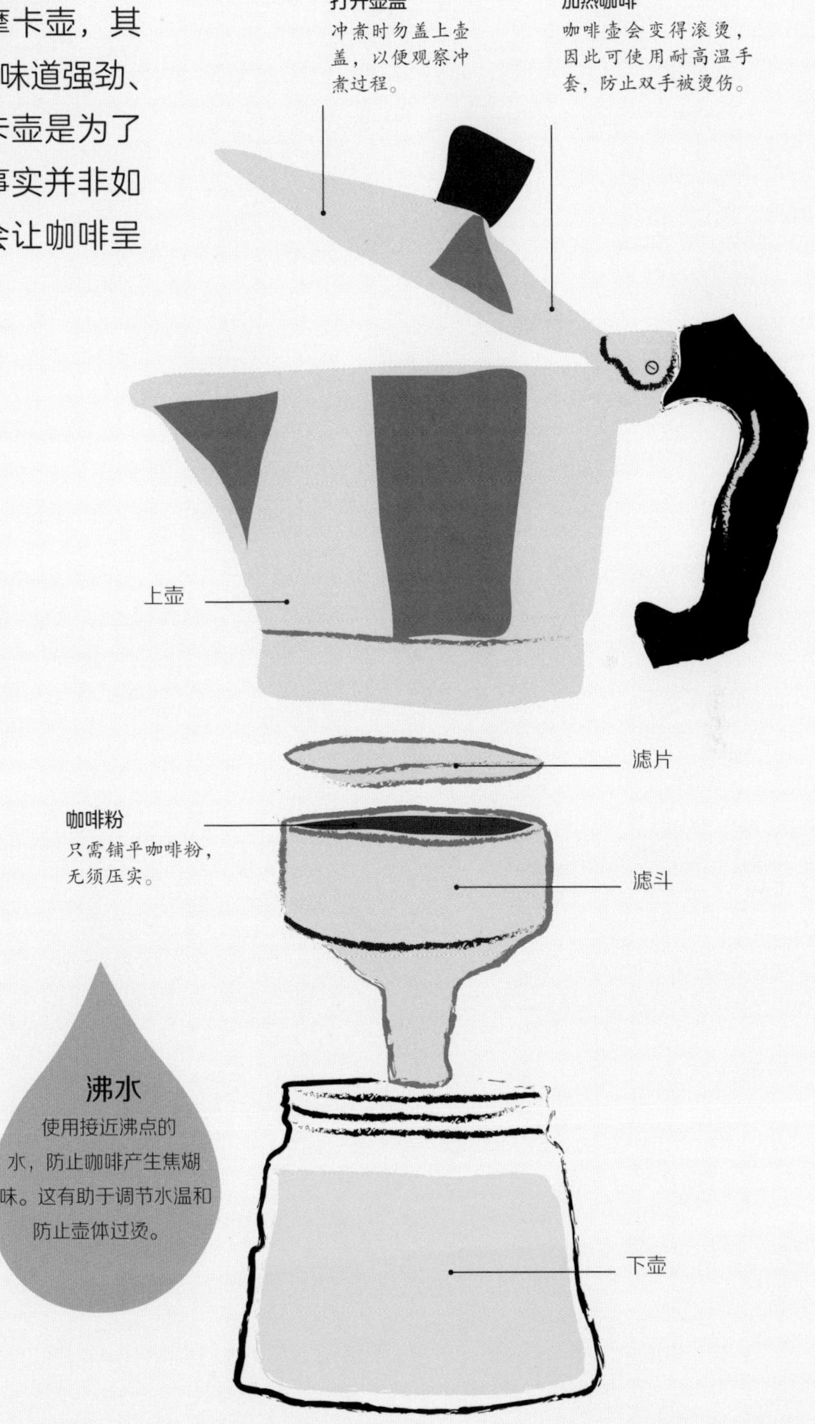

冰滴壶

用冰水可以冲煮出冷热皆适口的低酸度咖啡。用冰水萃取咖啡不易，因此需要花费更长时间和准备一台冰滴壶。如果没有冰滴壶，也可以借助法压壶来完成萃取，即将咖啡粉和水放入法压壶，然后冷藏过夜，过滤后饮用。

准备材料

- 中度研磨的咖啡粉（参见第41页）。

冲煮方法

1. 关闭上壶的滴水阀，注入冰水。
2. 将中壶粉槽冲洗干净，加入咖啡粉。粉水比为60克咖啡:500毫升水。
3. 轻微摇晃粉槽，使咖啡粉均匀分布，盖上冲洗干净的滤片。
4. 打开滴水阀，让水滴下，以浸湿咖啡粉和开始萃取。
5. 调节滴水阀，确保每2秒流出1滴，或每分钟流出30~40滴。
6. 滴落完毕后，你就可以直接享用冰咖啡了，也可以加入热水或冰水稀释后饮用，或者加冰饮用。

清洁

- **手洗** 请遵照制造商说明。如无法确定，可使用热水和软布小心清洁，不可使用肥皂水。将滤布放入水中清洗，未使用时，请放入冰箱或冷柜保存。

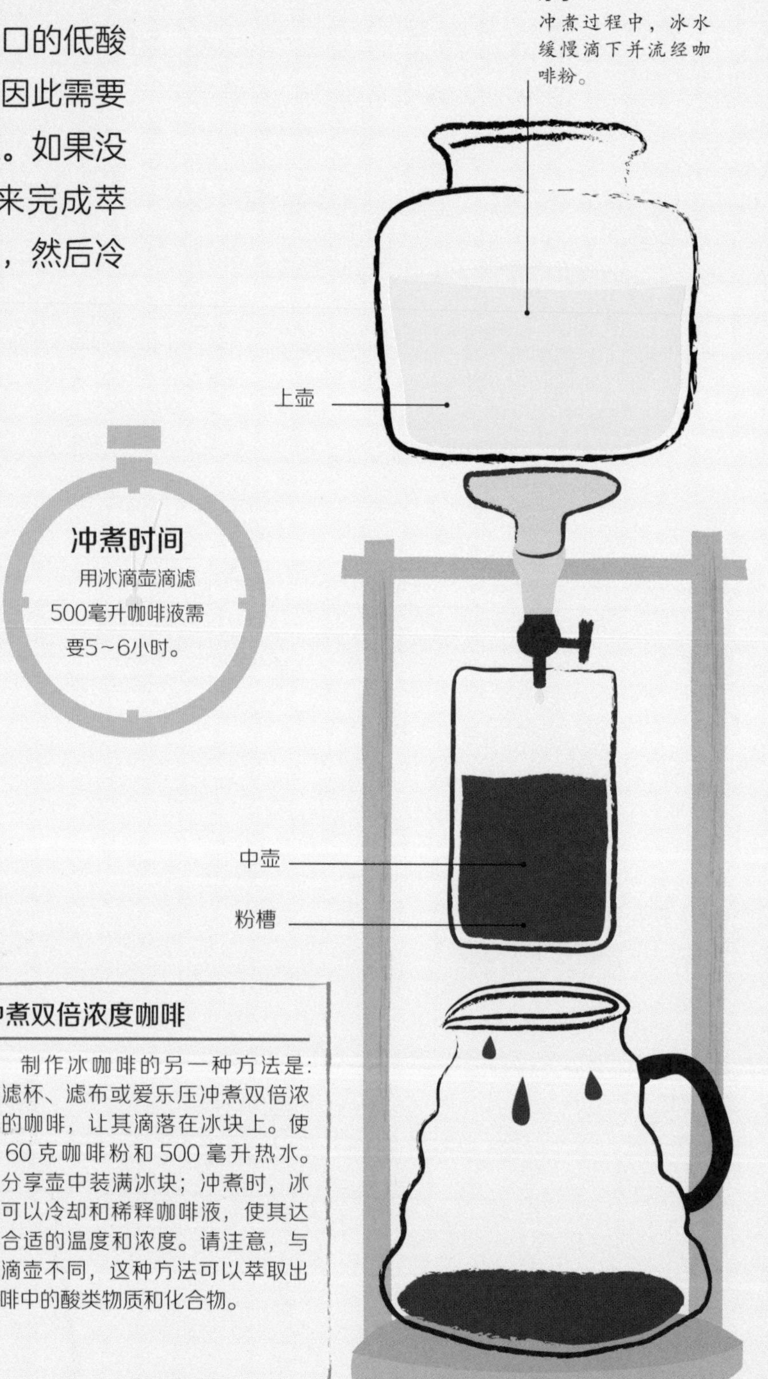

冲煮时间

用冰滴壶滴滤500毫升咖啡液需要5~6小时。

冲煮双倍浓度咖啡

制作冰咖啡的另一种方法是：用滤杯、滤布或爱乐压冲煮双倍浓度的咖啡，让其滴落在冰块上。使用60克咖啡粉和500毫升热水。在分享壶中装满冰块；冲煮时，冰块可以冷却和稀释咖啡液，使其达到合适的温度和浓度。请注意，与冰滴壶不同，这种方法可以萃取出咖啡中的酸类物质和化合物。

美式咖啡机

这种看似平平无奇的咖啡机使用品质豆和新鲜的水也能冲煮出美味的咖啡。美式咖啡机清洗方便，冲煮完毕后，可将咖啡渣直接丢弃或做堆肥处理。

冲煮时间

冲煮耗时4～5分钟。如果冲煮量过多，请将未喝完的咖啡倒入预热的保温瓶中保存。

准备材料

- 中度研磨的咖啡粉（参见第41页）。
- 预热的保温瓶，用于存放没喝完的咖啡。

冲煮方法

1. 将新鲜的冰水注入咖啡机的水箱。
2. 将滤纸冲洗干净，放入滤杯。
3. 加入咖啡粉，粉水比约为60克咖啡粉:1升水。轻微摇晃滤杯，使咖啡粉均匀分布。
4. 将滤杯装回机器，开始冲煮。咖啡机完成冲煮后，即可享用。

清洁

- **使用过滤水** 这有助于减少水垢堆积，让加热元件和注水线清晰可见。
- **除垢** 除垢剂能有效防止水垢堆积。

滴滤壶

越南滴滤壶使用简单，其配套的滤片会在重力的作用下压紧咖啡粉。而中式滴滤壶的滤片是可以拧上的，更方便控制萃取。所有滴滤壶的使用都很简单，可根据喜好调节研磨度和粉量。

冲煮时间

滴滤耗时4～5分钟。如果时间过长或过短，请调节研磨度或粉量。

壶盖
冲煮过程中，壶盖有助于保温。滴滤完毕后，可将滴滤壶置于壶盖上，防止残液乱流。

滤片

粉槽

准备材料

• 细研磨至中度研磨的咖啡粉（参见第41页）。

冲煮方法

1. 将滴滤壶粉槽和壶托放在马克杯上，往壶里注水，完成温壶。然后倒掉流进杯里的水。

2. 将咖啡粉倒入滴滤壶粉槽，粉水比为7克咖啡粉:100毫升水。轻微摇晃粉槽，让咖啡粉均匀分布。

3. 将滤片盖在咖啡粉上，稍微转动一下，以铺平咖啡粉。

4. 往滤片上注入约1/3的热水，焖蒸1分钟。

5. 注入剩余的水。盖住滴滤壶，防止热量流失，然后等待水流缓慢通过咖啡粉，完成滴滤。4～5分钟后即可享用。

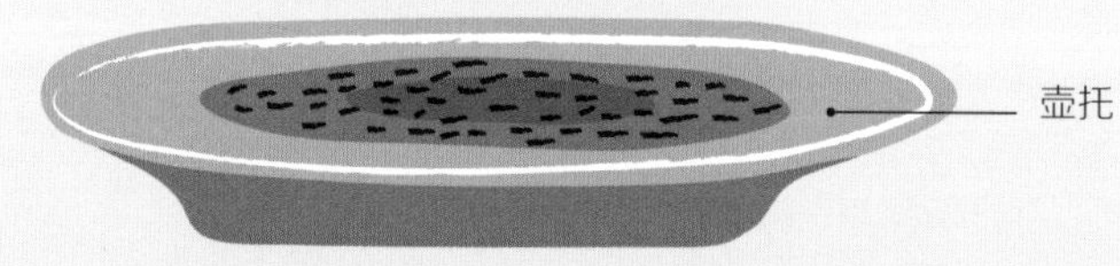

清洁

• **洗碗机** 大部分滴滤壶可放入洗碗机中清洗，但保险起见，请查看说明书。

• **清洗容易** 热肥皂水有助于清除金属滴滤壶和滤片上的咖啡油脂。

土耳其咖啡壶

土耳其咖啡壶（ibrik）是一种带长柄的镀锡铜壶，在东欧和中东较为盛行。这种咖啡壶在不同文化中又可称为 cezve、briki、rakwa、finjan 和 kanaka。土耳其咖啡壶冲煮的咖啡口感独特且浓厚。要得到一杯风味饱满的咖啡，极细的咖啡粉、适当的热量和粉水比缺一不可。

准备材料

- 极细研磨的咖啡粉（细粉状，参见第41页）。

冲煮方法

1. 将凉水注入土耳其咖啡壶，用中火煮沸。
2. 将咖啡壶从热源上移开。
3. 将咖啡粉倒入壶中（1茶匙/杯），如有需要，还可添加其他原料。
4. 搅拌，以促进原料溶解混合。
5. 再次将咖啡壶放到热源上加热，同时轻轻搅拌，直到产生泡沫。切勿让咖啡液沸腾。
6. 将咖啡壶从热源上移开，冷却1分钟。
7. 再次将咖啡壶放到热源上加热，同时轻轻搅拌，直到产生泡沫。勿让咖啡液沸腾。重复这一步骤。
8. 用勺子舀出少许泡沫，放入各个咖啡杯，然后小心倒入咖啡液。
9. 静置几分钟后，即可享用。杯底有咖啡渣，饮至尾段时请注意。

清洁

- **海绵清洗** 使用热肥皂水和非磨蚀性的海绵或刷子手洗。
- **保养** 镀锡层可能年久发黑。这是正常现象，不用刻意去除。

反复加热
反复加热可以让咖啡呈现出独特且浓厚的口感，当然你也可以只加热一次。

手柄
握住长手柄倾倒咖啡时需要精准一点。请将壶中的咖啡液缓缓注入杯中，以防止泡沫塌陷。

壶体
传统做法是，在咖啡粉中混入砂糖和香料一起冲煮。参见咖啡食谱，第185页。

那不勒斯咖啡壶

那不勒斯咖啡壶又称那不勒斯翻转壶。这种传统的咖啡器具可能不如摩卡壶知名，但也在全球各地得到广泛使用。其冲煮主要借助重力，而非蒸汽，所需的研磨度较粗，出品苦味低。

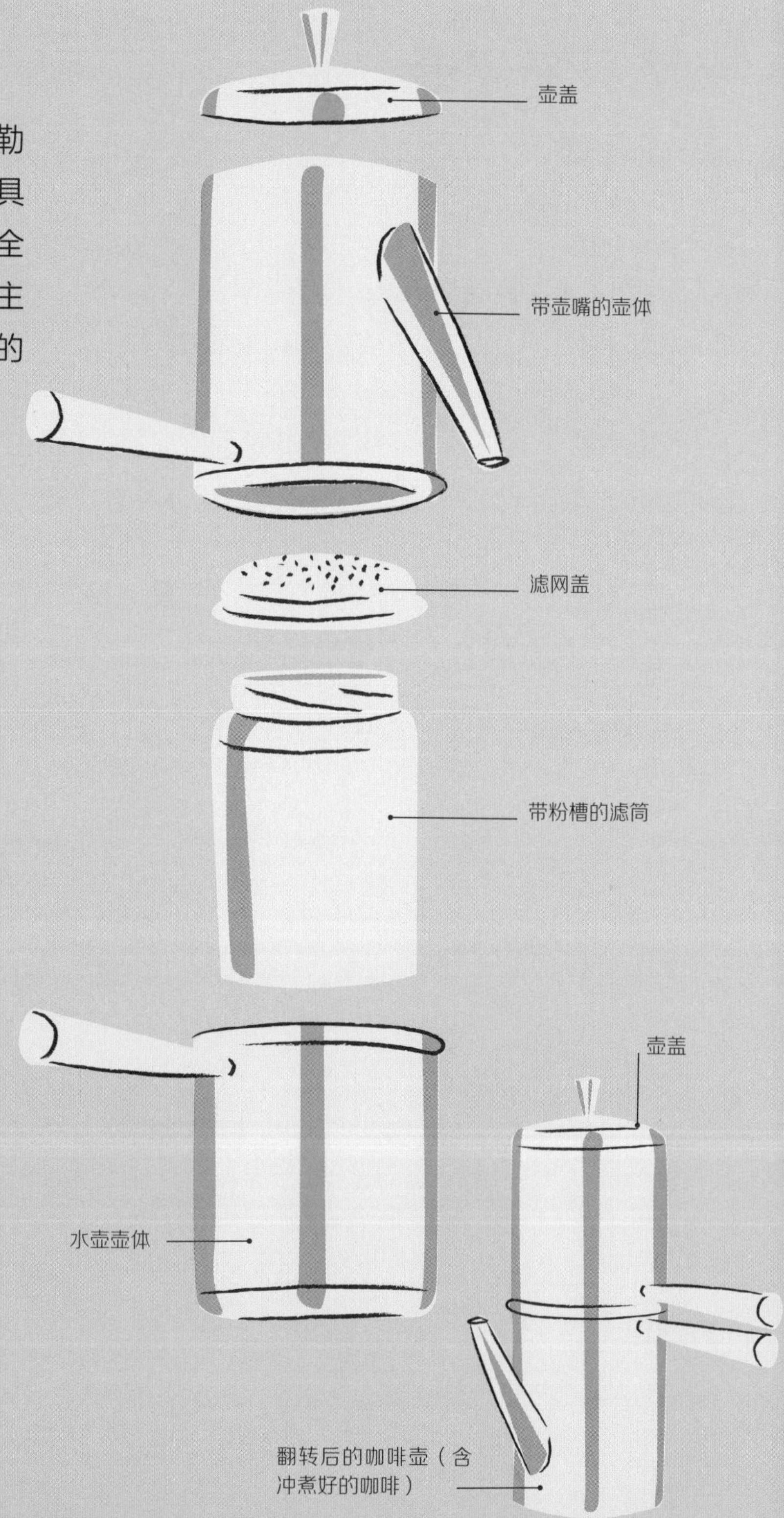

准备材料

- 中粗研磨的咖啡粉（参见第41页）。

冲煮方法

1. 向水壶（未带壶嘴的壶体）中注水至小孔下方。
2. 将滤筒放入水壶，粉槽朝上。
3. 向粉槽中填充咖啡粉，粉水比为60克咖啡粉:1升水。盖上滤网盖，拧紧。
4. 将带壶嘴的壶体倒扣在滤网盖上。将整个咖啡壶放在炉盘上，加热煮沸。
5. 蒸汽和水开始溢出小孔时，将咖啡壶从热源上移开。
6. 小心握住手柄，将整个咖啡壶翻转过来，让水流经咖啡粉，进入带壶嘴的壶体。
7. 几分钟后，取下水壶和滤筒。盖上壶盖有助于保温。

清洁

- 根据那不勒斯咖啡壶的材质，选择机洗或用温和的肥皂水手洗。

卡尔斯巴德壶

源于德国的卡尔斯巴德壶造型美观、使用方便，含一个带双层滤网的陶瓷滤杯，形制罕见。不同于滤纸滤布，这种釉面陶瓷滤杯不会干扰味道。它会让咖啡油脂和细颗粒一起发挥作用，最终呈现出一杯浓郁且醇厚的咖啡。

壶盖

分水层

准备材料

- 粗研磨的咖啡粉（参见第41页）。

冲煮方法

1. 将滤杯置于下壶上。
2. 加入咖啡粉，粉水比为60克咖啡粉:1升水。
3. 将分水层置于滤杯上，缓慢注入烧沸的水。
4. 达到足够的注水量后，移开滤杯，盖上壶盖保温。

研磨度

请反复尝试，找到合适的研磨度。咖啡粉应足够粗，从而不会漏出陶瓷滤网，但也应足够细，从而对水产生一定阻力，以确保充分萃取。

清洁

- 陶瓷滤杯较脆弱，请用温和的肥皂水和软刷或软布手洗。

咖啡食谱

卡布奇诺

器具：意式咖啡机　乳品：牛奶　温度：烫　出品量：2杯

卡布奇诺是一款经典的早餐咖啡，大部分意大利人会在早上来一杯，但在其他地方，享用卡布奇诺是不分时间的。在卡布奇诺迷的心里，这款饮品代表了咖啡和牛奶的天作之合。

准备材料

器具

2个中号咖啡杯
意式咖啡机
拉花缸

原料

16~20克细研磨的咖啡粉
130~150毫升牛奶巧克力粉或肉桂粉，可选

1 将咖啡杯置于咖啡机顶部或用热水冲洗温杯。根据第48～49页上的方法，冲煮两杯单份意式浓缩咖啡（25毫升）。

2 打奶泡，奶液温度升至60～65℃时停止。切勿让牛奶沸腾。当缸底刚好烫得难以托住时，就说明牛奶处于适饮温度（参见第52～55页）。

小贴士

该食谱讲解了如何制作双份咖啡，不过单份的制作也很简单。你可以使用单份粉碗或单头手柄。如果这些方法都不好用，那就与朋友一起分享吧！

曾经只被意大利人当作晨间饮品的卡布奇诺如今风靡全球。

3 将牛奶倒入浓缩咖啡，确保杯沿还留有一圈咖啡油脂，这样第一口能尝到浓郁的咖啡风味。奶泡厚度最好为1厘米。

4 如有需要，可用撒粉罐或迷你筛撒上一些巧克力粉或肉桂粉。

拿铁咖啡

器具：意式咖啡机　乳品：牛奶　温度：烫　出品量：1杯

拿铁咖啡是又一款经典的意式早餐饮品。相较于其他以意式浓缩咖啡为基底的饮品，拿铁的味道更柔和、奶味更浓郁。如今，拿铁咖啡在世界各地无时无刻不被青睐。

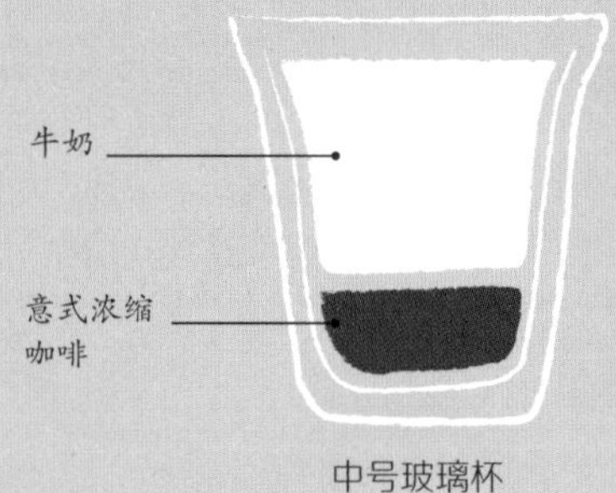

中号玻璃杯

1 将咖啡杯置于咖啡机顶部或用热水冲洗温杯。根据第48～49页上的方法，冲煮单杯单份意式浓缩咖啡（25毫升）。如果玻璃杯高于手柄的出水口，可先用一个较小的容器接住浓缩咖啡。

2 向拉花缸中倒入210毫升左右的牛奶（参见第52～55页），然后打奶泡，奶液温度升至60～65℃时停止，或当缸底刚好烫得难以托住时停止。

3 如果之前使用了其他容器装咖啡，现在应将咖啡倒入玻璃杯中，然后倒入奶液。放低拉花缸，使其靠近玻璃杯，倒入奶液的同时轻微左右晃动拉花缸。如有需要，可以创造一个郁金香图案作为点缀，如第60页所示。奶泡厚度最好为5毫米。

出品　配备搅拌勺，立即出品。如果你想让一层爽滑的白色奶泡浮于表面，只需用其他容器接住浓缩咖啡，然后先把奶液倒入玻璃杯中，再倒入咖啡。

选用可可或坚果调性突出的咖啡，以中和奶泡的甜味。

澳白

器具：意式咖啡机　乳品：牛奶　温度：烫　出品量：1杯

澳白咖啡起源于澳大利亚和新西兰，各地区做法不一。澳白咖啡与卡布奇诺相似，只是咖啡风味更浓郁、奶泡更薄且通常配有精致的拉花图案。

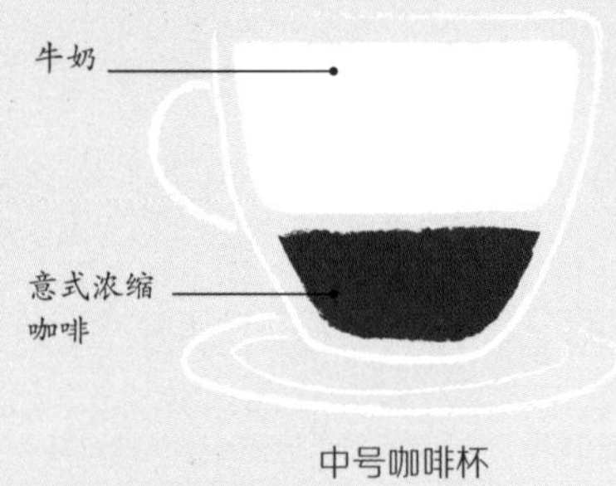

中号咖啡杯

1 将咖啡杯置于咖啡机顶部或用热水冲洗温杯。根据第48～49页上的方法，冲煮单杯双份意式浓缩咖啡（50毫升）。

2 向拉花缸中倒入130毫升左右的牛奶（参见第52～55页），然后打奶泡，奶液温度升至60～65℃时停止，或当缸底刚好烫得难以托住时停止。

3 放低拉花缸，使其靠近咖啡杯，让拉花缸缸嘴靠近咖啡杯，倒入奶液的同时轻微左右晃动拉花缸，方法如第58～61页所示。奶泡厚度最好为5毫米。

出品 立即出品。如果迟迟不出品，奶泡将失去光泽。

可选用水果调性或经日晒处理的豆子。加入奶泡后，整体会呈现出一种类似草莓奶昔的风味。

布雷卫

器具：意式咖啡机 乳品：牛奶  温度：烫 出品量：2杯

布雷卫是经典拿铁的美式配方。它是对以意式浓缩咖啡为基底的典型饮品的改良，即将牛奶减半，同时加入稀奶油（脂肪含量最好为15%）。布雷卫有奶油的甘甜柔滑，可当作一种甜品。

准备材料

器具

2个中号玻璃杯或咖啡杯
意式咖啡机
拉花缸

原料

16～20克细研磨的咖啡粉
60毫升牛奶
60毫升稀奶油

1 将咖啡杯置于咖啡机顶部或用热水冲洗温杯。根据第48～49页上的方法，冲煮两杯单份意式浓缩咖啡（25毫升）。

小贴士

混入奶油后再打奶泡，感觉很不一样——声音更大，产生的泡沫更少。

布雷卫在意大利语中意为“短暂”或“简短”。稀奶油让出品的奶泡更加绵密。

2 将牛奶和稀奶油混合，然后打奶泡，奶液温度升至60~65℃时停止，或当缸底刚好烫得难以托住时停止（参见第52~55页）。

3 将打好的奶泡倒入浓缩咖啡，让咖啡油脂和厚奶泡混合。

玛奇朵

器具：意式咖啡机　乳品：牛奶　温度：烫　出品量：2杯

玛奇朵也是一款经典的意式咖啡。玛奇朵在意大利语中意为“标记”，而意大利人习惯在浓缩咖啡上“标记”一朵奶泡，为其增加些许甜感，这款饮品由此得名。它有时也被称为咖啡玛奇朵或浓缩咖啡玛奇朵。

准备材料

器具

2个浓缩咖啡杯
意式咖啡机
拉花缸

原料

16~20克细研磨的咖啡粉
100毫升牛奶

1 将咖啡杯置于咖啡机顶部或用热水冲洗温杯。根据第48～49页上的方法，冲煮两杯单份意式浓缩咖啡（25毫升）。

小贴士

传统的意式玛奇朵里只有浓缩咖啡和泡沫，但其他地方也流行加入打热的奶液。

正宗的意式玛奇朵只带少许奶泡和轻微甜感。

2 打奶泡（参见第52～55页），奶液温度升至60～65℃时停止，或当缸底刚好烫得难以托住时停止。

3 小心地舀出1～2茶匙奶泡，点缀在咖啡油脂上，即可享用。

摩卡咖啡

器具：意式咖啡机　乳品：牛奶　温度：烫　出品量：2杯

咖啡和黑巧克力是经典的风味搭配。在拿铁咖啡或卡布奇诺中加入巧克力块、巧克力碎或自制或购入的巧克力酱，将得到一杯浓郁、微甜、类似甜点的饮品。

准备材料

器具

2个大号玻璃杯
拉花缸
意式咖啡机
小容器

原料

4汤匙黑巧克力酱
400毫升牛奶
32～40克细研磨的咖啡粉

1 称量巧克力酱。将其倒入玻璃杯。

2 打奶泡（参见第52～55页），奶液温度升至60～65℃时停止，或当缸底刚好烫得难以托住时停止。确保进气足够，以达到1厘米的奶泡厚度。

3 小心地将奶泡倒在巧克力酱上，两者分层明显。

小贴士

如果手边没有巧克力酱，可使用几块烹饪用黑巧克力或几汤匙热可可粉代替。先将其与少许牛奶混合，再倒入咖啡，以便融合和防止结块。

通常使用黑巧克力酱，可以试试更甜的牛奶巧克力酱或两者混搭。

4 根据第48～49页上的方法，将一个小容器置于手柄出水口下，冲煮两杯双份意式浓缩咖啡（50毫升），然后将其倒入奶泡。

5 浓缩咖啡与奶泡融合后，即可出品。用长勺轻轻搅动，让原料继续溶解和融合。

小贴士

为确保巧克力的风味统一，可将牛奶和巧克力酱倒入拉花缸融合后，再一起用蒸汽棒加热。用完之后，请彻底清洁蒸汽棒内外侧，以便下次使用。

欧蕾咖啡

器具：其他冲煮器具 乳品：牛奶 温度：烫 出品量：1杯

这是一款经典的法式早餐牛奶咖啡，传统上用无柄大碗盛放，以便法棍伸入蘸取咖啡。寒冷的早晨捧起一杯欧蕾咖啡，双手将立刻暖和起来。

准备材料

器具

滴滤式或过滤式冲煮器具
小煮锅
大碗

原料

180毫升浓咖啡
180毫升牛奶

1 用滴滤式或过滤式器具冲煮咖啡（参见第146～155页）。

咖啡的选择

要制作一杯正宗的欧蕾咖啡，应选用烘焙度较深的豆子。法国人习惯将咖啡豆烘至略微出油、苦中带甜的程度，这和大分量的甜牛奶最搭。

小贴士

法压壶（参见第146页）似乎最适合制备欧蕾咖啡，不过许多法国人倾向于使用摩卡壶（参见第151页）来冲煮一杯味道更浓郁的咖啡。

香甜的热牛奶配上味道强劲的深烘黑咖啡，可谓相得益彰。

小贴士

如果你想感受一下蘸欧蕾咖啡的吃法，但又对传统的法棍不太感冒，何不试试酥脆的可颂或巧克力面包？

2 将牛奶倒入小煮锅，中火加热3～4分钟，至60～65℃。

3 将咖啡倒入大碗，然后加入热牛奶，即可享用。

康宝蓝

器具：意式咖啡机　乳品：奶油　温度：烫　出品量：1杯

康宝蓝在意大利语中意为“含奶油”。康宝蓝咖啡是指在任何饮品（卡布奇诺、拿铁或摩卡）上加一层打发的奶油制成美味奶盖，既能提高卖相，又能增添一种丝滑的口感。

准备材料

器具

浓缩咖啡杯或玻璃杯
意式咖啡机
搅拌器

原料

16～20克细研磨的咖啡粉
稀奶油，有助于增加甜味

1 将咖啡杯置于咖啡机顶部或用热水冲洗温杯。根据第48～49页上的方法，冲煮单杯双份意式浓缩咖啡（50毫升）。

小贴士

若你喜欢柔和些的口感，可在奶油变浓稠但未变硬时停止搅动。让奶油浮于咖啡油脂上，这样在饮用过程中，奶油会溶入并稀释浓缩咖啡。

咖啡加奶油并非意大利专属，维也纳人经常把打发的奶油盖在卡布奇诺上享用。

2 将奶油倒入一个小碗，用搅拌器搅动几分钟，直至奶油打发且能定型。

3 舀一大勺打发的奶油，放入上述双份浓缩咖啡中。配备勺子搅拌。

短萃咖啡和长萃咖啡

器具：意式咖啡机　乳品：无　温度：烫　出品量：2杯

在“普通”意式浓缩咖啡的基础上调整一下冲煮方法，可以得到“短萃咖啡（ristretto）”和“长萃咖啡（lungo）”。它们唯一的区别就是通过咖啡粉的水量不同——要么缩短萃取时间，要么拉长萃取时间以释出更多可溶物。

准备材料

器具

意式咖啡机
2个浓缩咖啡杯或咖啡杯

原料

16～20克细研磨的咖啡粉

短萃咖啡

短萃咖啡是进阶者会选择的意式浓缩咖啡。其代表了意式浓缩咖啡的精华，尾韵强烈绵长。

1 根据第48～49页上的方法，冲煮两杯单份意式浓缩咖啡（25毫升）。

2 单杯分量达到15～20毫升时（15～20秒后），停止萃取。得到的浓缩咖啡口感浓厚且风味更突出。

小贴士

你还可以使用研磨度更细或更多的咖啡粉来降低水流流速并萃取出更多可溶物，不过这种方法容易不尽如人意，会令咖啡变苦。

Ristretto意为“受限的”，而Lungo意为“拉长的”。短萃咖啡的咖啡因含量低于长萃咖啡，这点着实出人意料。

长萃咖啡

长萃咖啡是更柔和的意式浓缩咖啡，冲煮用水更多。

1 根据第48～49页上的方法，冲煮两杯单份意式浓缩咖啡（25毫升）。

2 长萃咖啡的萃取量高于25毫升，萃取时间长于普通意式浓缩所需的25～30秒。其萃取量应该达到50～90毫升。让更多水流过咖啡粉，这样得到的长萃咖啡口感更柔和、醇厚度更低且苦味更重。

小贴士

冲煮长萃咖啡时，可以使用90毫升的浓缩咖啡杯，这样就能直观地把握萃取量，以避免水量过多造成风味损失。

美式咖啡

器具：意式咖啡机　乳品：无　温度：烫　出品量：1杯

第二次世界大战期间，驻扎欧洲的美军认为当地的意式浓缩咖啡太浓，所以用热水稀释后饮用，这就是美式咖啡的来历。美式咖啡与手冲咖啡在浓度上相当，但保留了一些意式浓缩的风味。

准备材料

器具

中号咖啡杯
意式咖啡机

原料

16～20克细研磨的咖啡粉

1 将咖啡杯置于咖啡机顶部或用热水冲洗温杯。根据第48～49页上的方法，冲煮单杯双份意式浓缩咖啡（50毫升）。

小贴士

还可以先加热水，再加意式浓缩咖啡，只需确保咖啡杯里还有足够的空间留给50毫升的双份咖啡。这能让咖啡油脂停留在表面，以提高卖相。

美式咖啡保留了意式浓缩咖啡的油脂和可溶物带来的口感，但浓度更低。

小贴士

如果无法确定什么浓度合适，可备上一壶热水，先加到半杯或3/4处，然后再根据口感决定是否继续添加。这也是将意式咖啡机冲煮的咖啡变成长饮的绝妙办法。

2 根据需求量，向这杯双份浓缩咖啡中倒入沸水。两者的比例无明确规定，但初次尝试时，可采用1:4的比例，如有需要，可加大水量。

3 你还可以用勺子撇去咖啡油脂。有些人撇去油脂是为了让味道更干净、苦味更少。加水前或加水后撇去都能达到这一效果。

罗马咖啡

器具：意式咖啡机 乳品：无 温度：烫 出品量：1杯

无须添加任何食材，也能轻松将意式浓缩咖啡玩出花样。简单的柠檬皮就能为意式浓缩咖啡加上鲜味和柑橘调性，让其有望成为经典的咖啡饮品。

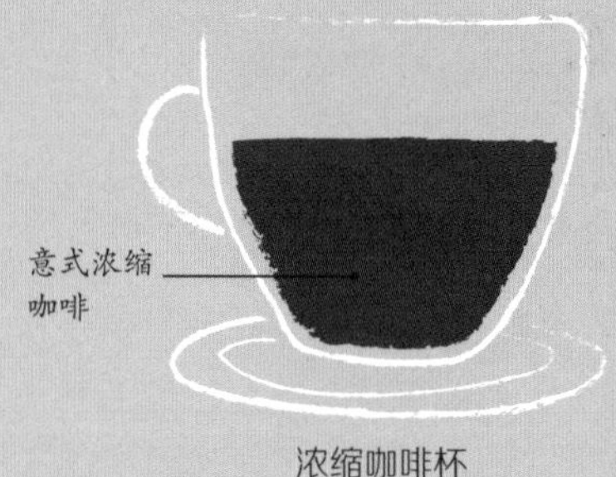

浓缩咖啡杯

1 根据第48～49页上的方法，冲煮单杯双份意式浓缩咖啡（50毫升）。

2 准备一颗柠檬，用刨丝器或刮皮刀取下一条柠檬皮。

3 用柠檬皮绕杯沿擦拭一圈，然后将其挂在杯沿上。

出品 加入金砂糖（demerara sugar）增加甜味，然后立即出品。

红眼咖啡

器具：意式咖啡机和其他冲煮器具 乳品：无 温度：烫 出品量：1杯

如果早晨尚未清醒或需要咖啡因的助力来度过漫漫长日，可以试试红眼咖啡。其咖啡因含量足以使人精力充沛，出于感激，饮用者还给它取了一个可爱的昵称——闹钟。

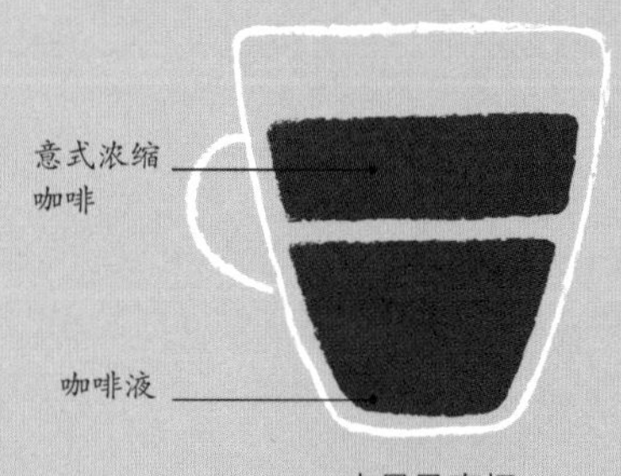

大号马克杯

1 用法压壶（参见第146页）、爱乐压（参见第149页）或你喜欢的器具冲煮12克中度研磨的咖啡粉，得到200毫升咖啡液，倒入马克杯。

2 根据第48～49页上的方法，将一个小容器置于手柄出水口下，冲煮双份意式浓缩咖啡（50毫升）。

出品 将意式浓缩咖啡倒入步骤1冲煮的咖啡，即可出品。

古巴咖啡

器具：意式咖啡机　乳品：无　温度：烫　出品量：1杯

古巴咖啡（Cubano）又称 Cuban shot 或 Cafecito，是一款味道偏甜的短饮，在古巴广受欢迎。用意式咖啡机将咖啡粉和糖一起冲煮，可以得到一杯顺滑甘甜的浓缩咖啡。可以将其作为基底来调制各种咖啡鸡尾酒。

浓缩咖啡杯

1 将14～18克的意式浓缩咖啡粉和2茶匙金砂糖混合，然后放入意式咖啡机的手柄（参见第48页，步骤1～3）。

2 将咖啡粉和糖一起冲煮出半杯浓缩咖啡。

出品　立即出品。如有需要，可将其作为基底来调制含酒精的浓缩咖啡鸡尾酒（参见第212～217页）。

黄樟糖蜜

器具：意式咖啡机　乳品：无　温度：烫　出品量：1杯

黄樟是一种原生于北美和东亚、会开花结果的树种。其树皮提取物通常被用于给沙士提味。请选择不含黄樟油精的黄樟提取物来制作饮品。

浓缩咖啡杯

1 向浓缩咖啡杯里舀1茶匙糖蜜。

2 根据第48～49页上的方法，将上述浓缩咖啡杯置于手柄出水口下，冲煮双份意式浓缩咖啡（50毫升）。

出品　加入5滴黄樟树根提取液，配备搅拌勺，即可出品。

图巴咖啡 这款加香料的饮品在塞内加尔国内外颇受欢迎。

图巴咖啡 塞内加尔咖啡

器具：其他冲煮器具 乳品：无 温度：烫 出品量：4杯

图巴咖啡是一款来自塞内加尔、以其圣城图巴命名的饮品，香料味较重。当地人将咖啡生豆、胡椒和香料一起烘焙，然后用研钵和杵将其捣碎，最后用滤布冲煮。可加糖饮用。

大号马克杯

1 将60克咖啡生豆、1茶匙非洲胡椒（selim pepper）和1茶匙丁香放入铁锅，用中火烘焙。持续翻炒。

2 达到合适的烘焙度后（参见第36～37页），将咖啡豆倒出冷却。搅动。

3 用研钵和杵将咖啡豆和香料捣碎至细粉状。将咖啡粉放入滤布（参见第148页），然后将滤布搁在分享壶上。注入500毫升沸水。

出品 加糖，然后分杯倒出，即可出品。

斯堪的纳维亚咖啡

器具：其他冲煮器具 乳品：无 温度：温热 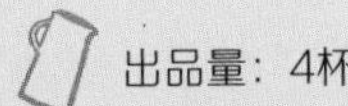 出品量：4杯

在冲煮过程中加入鸡蛋可能看似不寻常，但鸡蛋中的蛋白质可以中和咖啡中的酸苦成分。此饮品味道柔和，醇厚度和无滤纸冲煮的咖啡相当。

大号马克杯

1 将60克粗研磨的咖啡粉、1个鸡蛋和60毫升凉水混合搅拌成糊状。

2 向小煮锅里倒入1升水，煮沸。加入糊状混合物，轻轻搅拌。

3 让其持续沸腾3分钟。将小煮锅从热源上移开，加入100毫升凉水，等待咖啡粉沉淀。

出品 分杯倒出（用细筛或薄棉布过滤），即可出品。

布纳 埃塞俄比亚咖啡仪式

器具：其他冲煮器具 乳品：无 温度：温热 出品量：10杯

埃塞俄比亚人在举办仪式时会和家人朋友一起饮用布纳。他们会一边在炭火上焚烧乳香和烘焙咖啡，一边从传统的“jebena”壶（译者注：一种陶制咖啡壶）里倒咖啡喝。咖啡粉要冲煮三次，每次的味道都不一样。

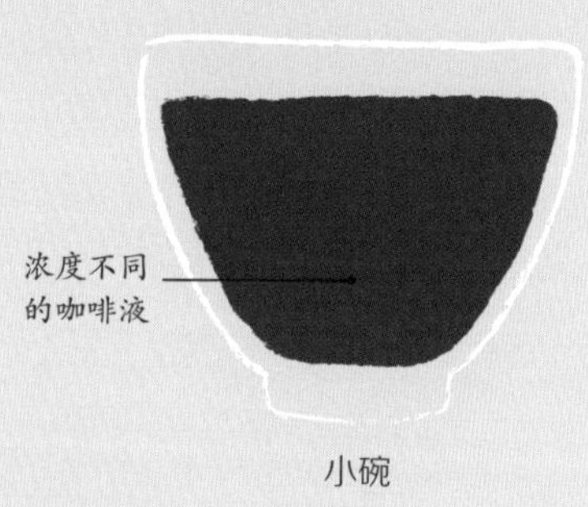

小碗

1 将100克咖啡生豆放入平底锅，用中火烘焙。持续搅动，直至咖啡豆颜色变暗、开始出油。然后用研钵和杵将咖啡豆捣碎成细粉状。

2 将1升水倒入jebena壶或小煮锅，中火加热至沸腾。加入咖啡粉，搅拌，然后浸泡5分钟。

出品 将第一次冲煮的咖啡液倒入10个碗中（勿倒入咖啡渣），即可出品。再向平底锅中注入1升水，煮沸，即完成第二次冲煮，将其倒入碗中享用。最后，再次注入1升水，重复上述步骤，即可得到第三泡味道最淡的咖啡。

我是你的黑越橘

器具：其他冲煮器具 乳品：无 温度：烫 出品量：1杯

黑越橘是爱达荷州州果，外观和味道都和蓝莓接近。爱达荷州盛产苹果，当地的许多顶级咖啡都以苹果味为主打，包括将苹果融入冲煮过程。

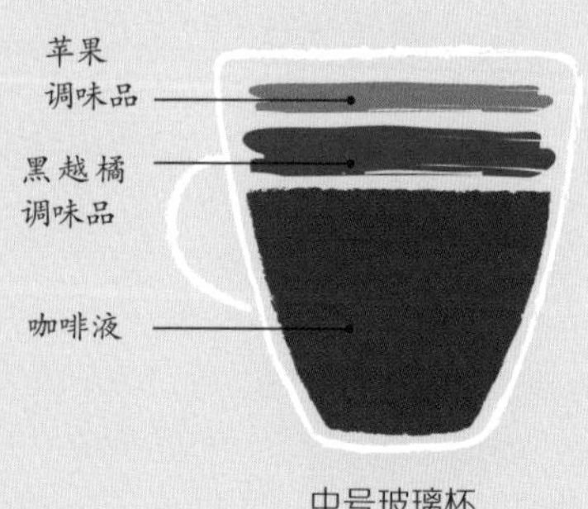

中号玻璃杯

1 将250毫升咖啡粉和几块苹果片放入滤杯（参见第147页）或其他器具进行冲煮。如果使用滤杯，请将苹果放在咖啡粉上，然后注水。如果使用法压壶（参见第146页），则将苹果和咖啡粉放入壶中，再注水。

2 将咖啡倒入马克杯，然后加入25毫升黑越橘调味品和1汤匙苹果调味品。

出品 饰以一条青柠檬皮和几片苹果。加入单糖浆，即可出品。

陶壶咖啡 墨西哥咖啡

器具：其他冲煮器具 乳品：无 温度：烫 出品量：1杯

用传统陶壶“olla”冲煮的墨西哥咖啡带有一股泥土的香气。如果手边没有 olla，可改用小煮锅，这不会影响豆子呈现出应有的口感且油脂会让咖啡更加醇厚。

陶制马克杯

1 将500毫升水、2根肉桂棒和50克粗糖条或黑糖放入小煮锅，用中火加热至煮沸，然后转文火，保持搅拌直至糖溶化。

2 将小煮锅从热源上移开，盖上盖子，浸泡5分钟。加入30克中度研磨的咖啡粉，再浸泡5分钟。将混合物倒入马克杯（用细筛或薄棉布过滤）。

出品 加入肉桂棒后出品，此点缀提高了饮品的卖相，也让其风味更加凸显。

土耳其咖啡

器具：其他冲煮器具 乳品：无 温度：烫 出品量：4杯

在带长柄的小咖啡壶（在不同文化中称为 ibrik、cezve 或 briki）中冲煮土耳其咖啡。冲煮好的咖啡用小号咖啡杯盛放，表面有一层泡沫，底部有很多咖啡渣沉淀。

浓缩咖啡杯

1 将120毫升水和2汤匙糖加入土耳其咖啡壶或小煮锅，用中火加热直至沸腾。

2 将小煮锅从热源上移开，加入4汤匙极细研磨的咖啡粉。如有需要，加入小豆蔻粉、肉桂粉或肉豆蔻粉，搅拌至其融化。

3 根据第155页上的方法冲煮咖啡。舀出一些泡沫，装入4个杯子中。咖啡要小心倒入，防止泡沫消散。

出品 静置两三分钟后，即可出品。杯底有咖啡渣，饮至尾段时请注意。

生姜咖啡（Madha Alay） 灵感源于生活在印度西部马哈拉施特拉邦的马拉地人。

生姜咖啡（Madha Alay）

器具：其他冲煮器具　乳品：无　温度：烫　出品量：2杯

姜、蜂蜜和柠檬的调和物是出现感冒迹象时的最佳特效药，和威士忌也很搭。用摩卡壶冲煮的咖啡足够制备两小杯生姜咖啡。

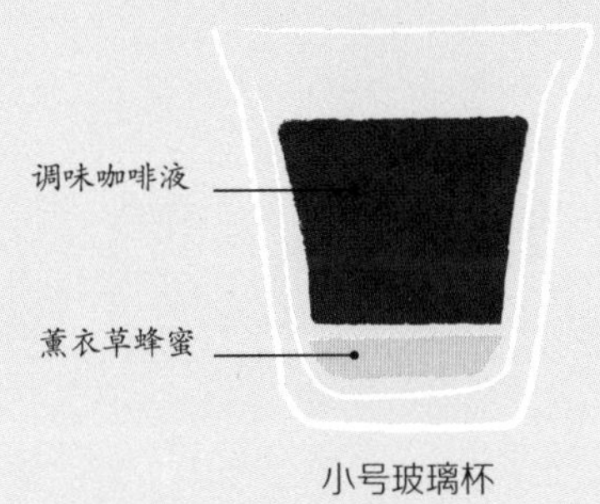

小号玻璃杯

1 根据第151页上的方法，用300毫升容量的摩卡壶冲煮32克粗研磨的咖啡粉。

2 向各杯加入1汤匙薰衣草蜂蜜、1厘米新鲜的生姜根部（切碎）和半个柠檬的皮。

3 将250毫升水煮沸。向上述混合物中注水，直至半满。浸泡1分钟。

出品　向各杯注入75毫升新鲜冲煮的咖啡。搅拌使蜂蜜融化，配备勺子饮用。

生姜咖啡（Kopi Jahe）印度尼西亚咖啡

器具：其他冲煮器具　乳品：无　温度：温热　出品量：6杯

在印度尼西亚，将新鲜的生姜、糖和咖啡粉一起煮沸得到的饮品称为Kopi Jahe，在印尼语中意为“生姜咖啡”。在冲煮过程中加入肉桂或丁香等香料可以带来额外的风味，令咖啡香气四溢。

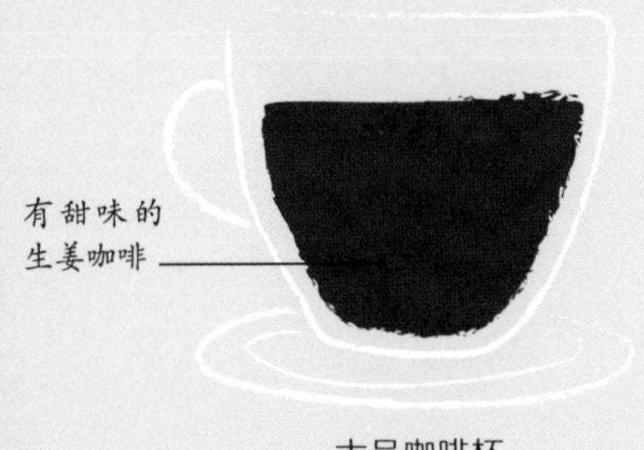

大号咖啡杯

1 将6汤匙中度研磨的咖啡粉、1.5升水、7.5厘米新鲜的生姜根部（捣碎）和100克棕榈糖放入小煮锅，用中火煮沸，如有需要，也可以加入2根肉桂棒和3颗丁香。转文火，搅拌直至糖溶化。

2 萃取出姜味后（约5分钟），将小煮锅从热源上移开。

出品　将咖啡倒入6个玻璃杯中（用薄棉布过滤），即可出品。

温热香草

器具：其他冲煮器具　乳品：无　温度：烫　出品量：2杯

在众多可以衬托咖啡的风味中，香草凭借其纯粹朴实而傲视群雄。香草有多种值得玩味的形式，如香草荚（此处所用）、香草粉、香草糖浆、香草香精，甚至是香草调制酒。

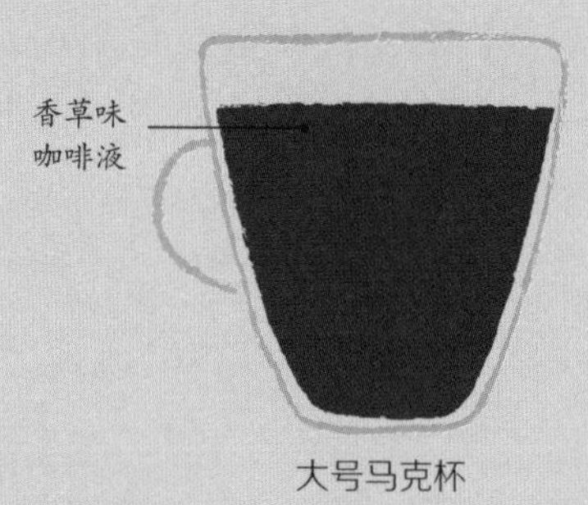

大号马克杯

1 掰开两个香草荚，将其与500毫升水加入小煮锅，用中火加热至沸腾，然后将小煮锅从热源上移开，捞出香草荚，加入30克粗研磨的咖啡粉。盖上盖子，静置5分钟。

2 同时，用糕点刷蘸取香草调味品（1汤匙）刷在两个咖啡杯的内侧。

出品 将咖啡倒入马克杯中（用薄棉布过滤），加入香草荚，即可出品。

虹吸壶香料

器具：其他冲煮器具　乳品：无　温度：烫　出品量：3杯

虹吸壶（参见第150页）很适合用来混合浸泡咖啡粉和香料（粉状与否均可）。如果要添加调味香料，最好使用虹吸壶专用滤纸或金属滤片，滤布只用于不加香料的情况。

中号咖啡杯

1 将2颗丁香和3颗多香果放入容量为360毫升的三人份虹吸壶的下壶。加入300毫升水。

2 将1/4茶匙肉豆蔻粉与15克中度研磨的咖啡粉混合，待水进入上壶后加入水中，浸泡1分钟后移开热源。咖啡液将流回下壶。

出品 倒入3个咖啡杯中，即可出品。

加尔各答咖啡

器具：其他冲煮器具 乳品：无 温度：烫 出品量：4杯

世界上许多地方将菊苣作为咖啡的替代品，人们将这种草本植物的根烘焙磨粉来饮用。加入少许豆蔻香料粉和藏红花丝会给饮品带来一种奇妙口感。

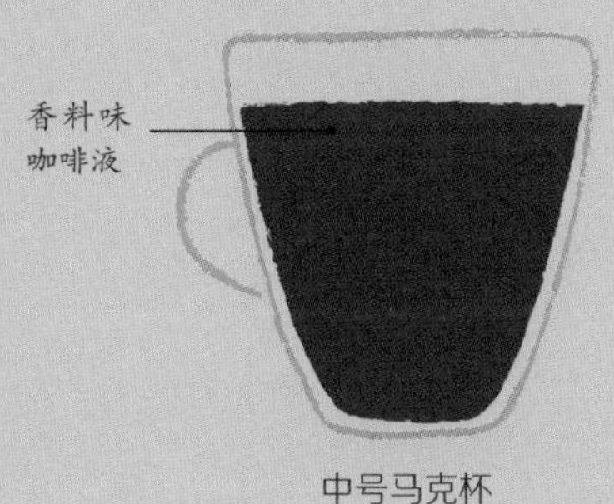

中号马克杯

1 向小煮锅里倒入1升水，再加入1茶匙豆蔻香料粉和少许藏红花丝，用中火煮沸。

2 将小煮锅从热源上移开，加入40克中度研磨的咖啡粉和20克中度研磨的菊苣粉。盖上盖子，浸泡5分钟。

出品 将咖啡倒入容器中（用滤纸过滤）。倒入各个马克杯中，即可出品。

凯撒混合咖啡 奥地利咖啡

器具：意式咖啡机 乳品：打发的奶油 温度：烫 出品量：1杯

这款奥地利咖啡中加入了鸡蛋，此做法在斯堪的纳维亚地区也甚为流行。加入蜂蜜和蛋黄，会让咖啡的口感更饱满，还可加入白兰地增添另一番风味。

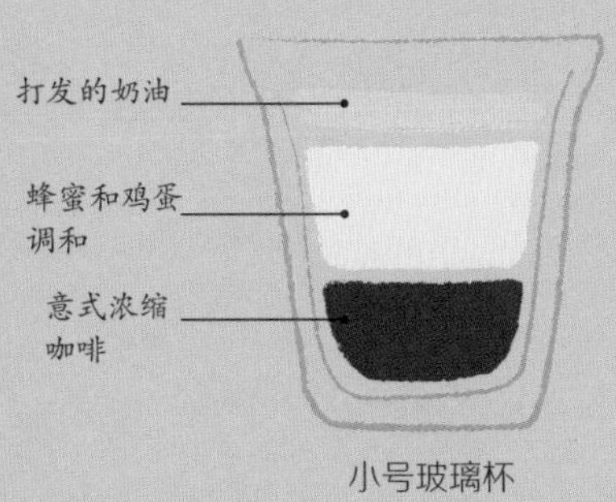

小号玻璃杯

1 根据第48～49页上的方法，冲煮单杯单份意式浓缩咖啡（25毫升）。如有需要，可加入25毫升白兰地。

2 将1个蛋黄和1茶匙蜂蜜放入小碗中搅匀，然后将其轻轻倒在浓缩咖啡上形成奶盖。

出品 加入1汤匙打发的奶油，即可出品。

椰子蛋咖啡

器具：其他冲煮器具 乳品：无 温度：烫 出品量：1杯

该食谱受到越南鸡蛋咖啡的启发，但将炼乳换成了椰浆。这为咖啡赋予了新的口味层次，非常适合乳糖不耐受人群。

中号玻璃杯

1 用越南滴滤壶（参见第154页）冲煮120毫升咖啡，也可以使用法压壶（参见第146页）冲煮。将咖啡倒入玻璃杯。

2 将1个蛋黄和2茶匙椰浆混合打发，舀入咖啡作为奶盖。

出品 加入金砂糖，配备勺子出品。

蜂蜜花开

器具：意式咖啡机 乳品：牛奶 温度：烫 出品量：1杯

蜜蜂从鲜花和药草上采的花蜜会带有植物自身的特质，如本食谱中用到的香橙花蜜。加水稀释后，香橙花蜜的风味更易凸显。

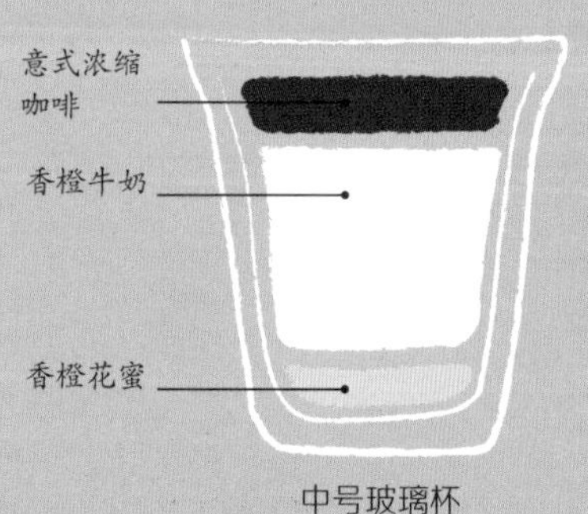

中号玻璃杯

1 将150毫升牛奶和1汤匙香橙花水加入拉花缸中，然后打奶泡，奶液温度升至60～65℃时停止，或当缸底刚好烫得难以托住时停止（参见第52～55页）。奶泡厚度最好为1厘米。

2 向玻璃杯中加入1汤匙香橙花蜜，然后倒入牛奶。

3 根据第48～49页上的方法，将一个容器置于手柄出水口下，冲煮单杯单份意式浓缩咖啡（25毫升）。将浓缩咖啡倒入玻璃杯，奶泡会浮于表面。

出品 配备搅拌勺，让蜂蜜融化。

蛋奶酒拿铁

器具：意式咖啡机　乳品：牛奶　温度：烫　出品量：1杯

蛋奶酒拿铁浓郁非常，口齿留香，是节假日的明星饮品。成品蛋奶酒一般不含生鸡蛋。若是你打算自制，需谨防生鸡蛋受到污染和加热后出现凝结的风险。

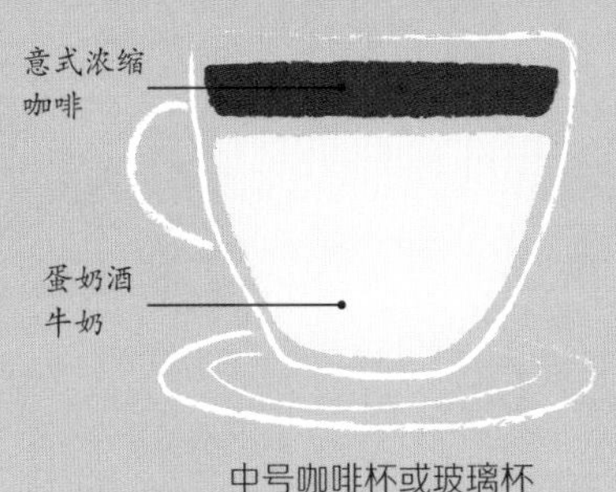

中号咖啡杯或玻璃杯

1 将150毫升蛋奶酒和75毫升牛奶加入小煮锅，用中火加热，过程中持续搅动，切勿让其沸腾。将温热的蛋奶酒混合物倒入咖啡杯或玻璃杯。

2 根据第48～49页上的方法，将一个小容器置于手柄出水口下，冲煮单杯双份意式浓缩咖啡（50毫升），然后将其倒入蛋奶酒混合物。

出品　将现磨的新鲜肉豆蔻粉撒在咖啡上，即可出品。

豆奶蛋奶酒拿铁

器具：意式咖啡机　乳品：豆奶　温度：烫　出品量：1杯

这款不含乳制品的饮品可作为经典蛋奶酒拿铁的替代品，请选择高品质的豆奶和豆奶蛋奶酒来制作。还可以加入白兰地或波本威士忌（仅限成年人饮用），也可用巧克力碎代替肉豆蔻粉。

大号咖啡杯

1 将100毫升豆奶蛋奶酒和100毫升豆奶加入小煮锅，用中火加热，勿使其沸腾。

2 根据第48～49页上的方法，冲煮单杯双份意式浓缩咖啡（50毫升）。

3 将温热的豆奶蛋奶酒混合物加入咖啡，搅拌。

出品　如有需要，可加入少许白兰地，撒上肉豆蔻粉，即可出品。

阿芙佳朵

器具：意式咖啡机　乳品：冰激凌　温度：亦热亦冷　出品量：1杯

在所有以意式浓缩咖啡为基底的甜点中，阿芙佳朵是最容易制作的。冰激凌球包裹着浓烈的浓缩咖啡，最适宜餐后享用。若喜欢清爽的口感，可选用不含鸡蛋的香草冰激凌。也可以选用其他口味的冰激凌。

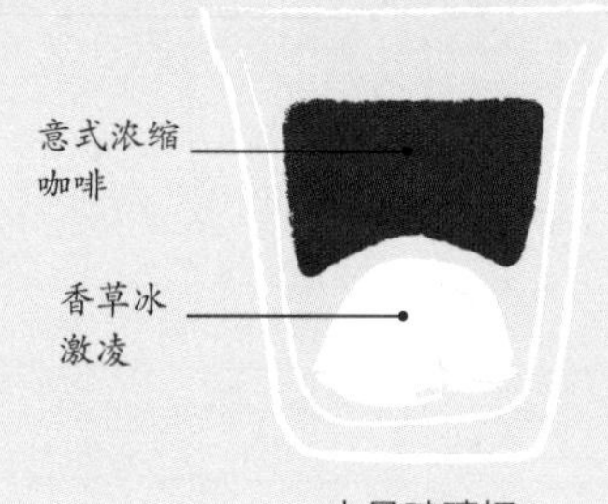

小号玻璃杯

1 挖一个香草冰激凌球放入玻璃杯中。一颗规整的冰激凌球会让人垂涎欲滴。

2 根据第48～49页上的方法，冲煮单杯双份意式浓缩咖啡（50毫升），浇在冰激凌球上。

出品 配备小勺子来享用这一甜点，或待冰激凌融化后饮用。

杏仁阿芙佳朵

器具：意式咖啡机　乳品：杏仁奶　温度：亦热亦冷　出品量：1杯

杏仁奶是乳糖不耐受者的绝佳选择。杏仁奶和杏仁奶冰激凌用杏仁粉、水和糖制成，会给咖啡带来新鲜的风味，在家自制很简单。

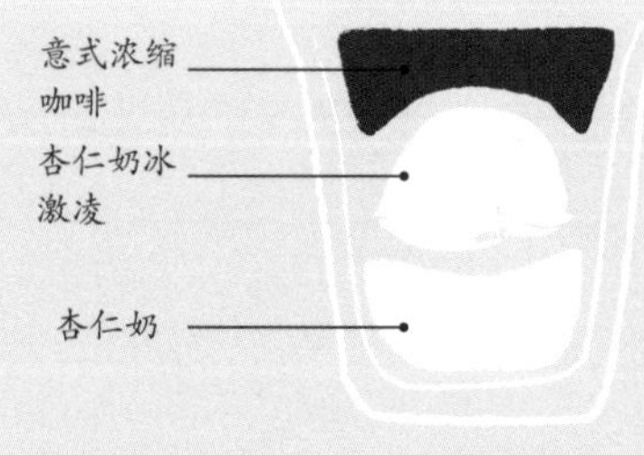

小号玻璃杯

1 将25毫升杏仁奶倒入小号玻璃杯中，再放入一个杏仁奶冰激凌球。

2 根据第48～49页上的方法，冲煮单杯双份意式浓缩咖啡（50毫升），然后浇在冰激凌球上。

出品 撒上1/2茶匙肉桂粉和1茶匙杏仁碎，即可出品。

杏仁阿芙佳朵　是一款不含乳制品的美味咖啡小食。杏仁过敏体质的人群可尝试大米奶加大米奶冰激凌。

杏仁无花果拿铁

器具：其他冲煮器具 乳品：牛奶 温度：烫 出品量：1杯

世界各地经常将无花果作为咖啡增味剂，但很少直接用无花果制作饮品。在此食谱中，无花果风味搭配上杏仁香精，会给拿铁咖啡带来更丰富的层次。

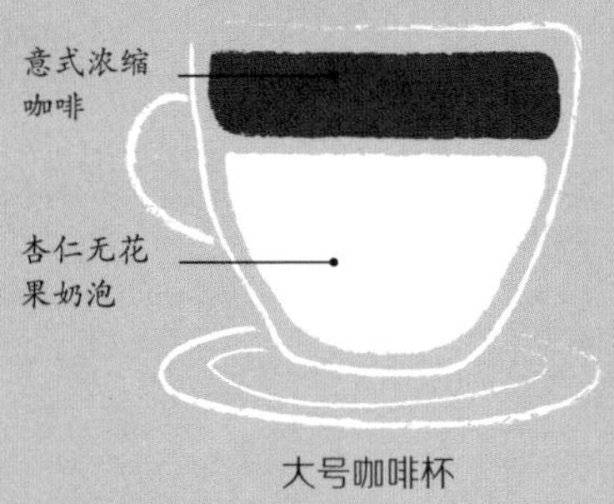

大号咖啡杯

1 将250毫升牛奶、1茶匙杏仁香精和5滴无花果调味品加入拉花缸，然后蒸汽加热，奶液温度升至60～65℃时停止，或当缸底刚好烫得难以托住时停止（参见第52～55页）。将其倒入咖啡杯中。

2 用法压壶（参见第146页）、爱乐压（参见第149页）或你喜欢的器具冲煮100毫升咖啡。可冲煮双倍浓度的咖啡，让咖啡味更明显。

出品 将咖啡液倒入调味后的奶液，即可出品。

糯米糍阿芙佳朵

器具：意式咖啡机 乳品：椰奶冰激凌 温度：烫 出品量：1杯

糯米糍冰激凌在日本是广受欢迎的甜点，即冰激凌球外层包裹一张口感顺滑的糯米皮。此食谱使用的糯米糍用椰奶制成，非常适合乳糖不耐受人群。

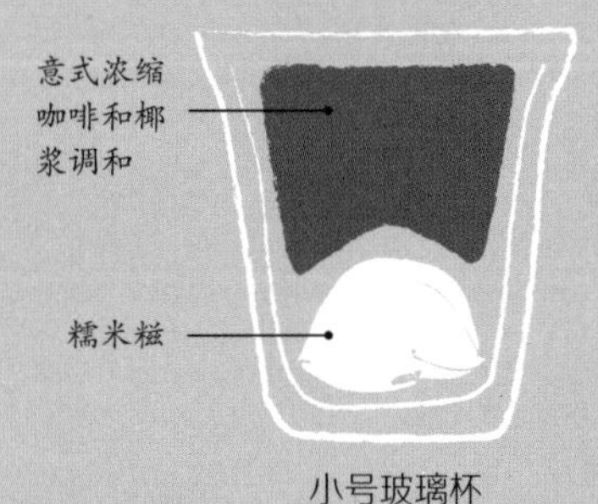

小号玻璃杯

1 在玻璃杯中放入1颗黑芝麻风味的椰奶糯米糍。

2 根据第48～49页上的方法，将一个小容器置于手柄出水口下，冲煮单杯双份意式浓缩咖啡（50毫升）。

3 将50毫升椰浆与浓缩咖啡混合，然后浇在糯米糍上。

出品 配备勺子，立即出品。

鸳鸯咖啡

器具：其他冲煮器具　乳品：炼乳　温度：烫　出品量：4杯

许多人不会想到咖啡与茶的组合也能擦出火花，但这款融合了红茶的饮品相当丝滑美味。鸳鸯咖啡最初是街头饮品，现在已经成为很多中国香港餐馆里的热销品。

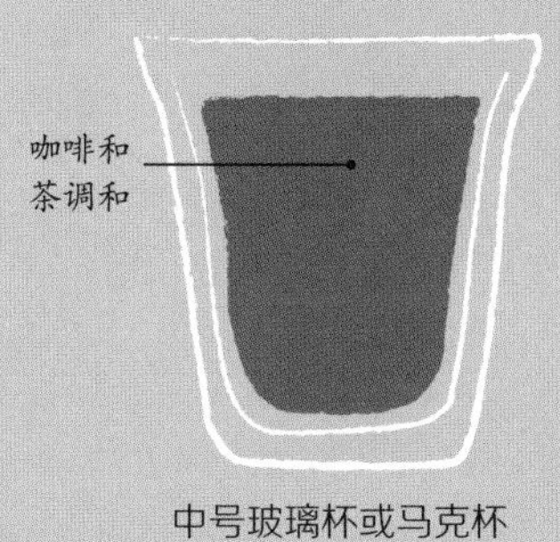

中号玻璃杯或马克杯

1 将2汤匙红茶茶叶和250毫升水加入1升容量的大煮锅，用文火加热2分钟。

2 将煮锅从热源上移开，滤除茶叶。放入250毫升炼乳搅匀，再次用文火加热2分钟。将煮锅从热源上移开。

3 根据第146页上的方法，用法压壶冲煮500毫升咖啡，倒入煮锅。用木勺充分搅匀。

出品　倒入4个玻璃杯或马克杯，加糖后即可出品。

热牛奶咖啡 越南咖啡

器具：其他冲煮器具　乳品：炼乳　温度：烫　出品量：1杯

虽然不必使用越南滴滤壶来制备热牛奶咖啡，但这款器具干净好用，很适合冲煮黑咖啡。炼乳会为出品带来甘甜感和顺滑感。

小号玻璃杯

1 向马克杯中加入2汤匙炼乳。将2汤匙中度研磨的咖啡粉放入滴滤壶（参见第154页）或滤杯（参见第147页）。晃动一下滴滤壶，让咖啡粉均匀分布，拧上滤片。

2 将120毫升水煮沸，向滴滤壶中注入三分之一的水量。让咖啡焖蒸1分钟。将滤片松开一点（回拧几圈），然后注入剩余的水。滴滤完毕需要5分钟左右。

出品　配备勺子出品，以搅拌炼乳，使其融化。

金桶

器具：其他冲煮器具　乳品：无　温度：烫　出品量：1杯

对于乳糖不耐受者而言，市面上不含乳糖的奶品很多，包括坚果奶和种仁奶。此食谱用到的生鸡蛋会为咖啡带来一种绝妙的乳脂感。这杯饮品装点了金灿灿的卡仕达酱，从而得名“金桶”。

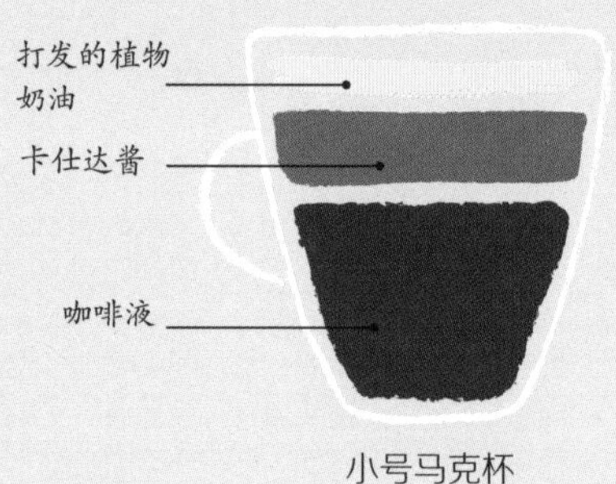

小号马克杯

1 根据第151页上的方法，用摩卡壶冲煮100毫升的浓咖啡。

2 取一颗鸡蛋，将蛋清和蛋黄分离，只使用蛋黄制备卡仕达酱。将蛋黄和2汤匙不含乳糖的卡仕达酱放入一个小碗。加入1茶匙咖啡粉混合。

出品　将咖啡倒入马克杯中，再倒入卡仕达酱。如有需要，可盖上打发的植物奶油，撒上香草糖，即可出品。

姜饼小酒

器具：其他冲煮器具　乳品：稀奶油　温度：烫　出品量：6杯

寒夜里的一杯姜饼小酒不仅美味可口、香气四溢，还会温暖人心。虽然制备的时间较长，但值得等待。这款饮品非常香甜，黄油味浓郁，是绝佳的餐后甜点。

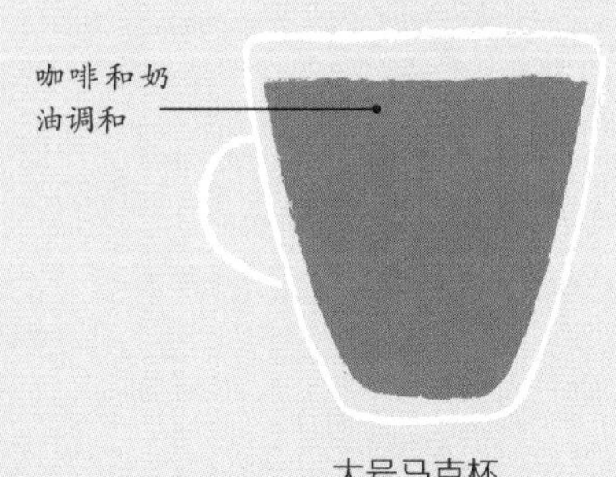

大号马克杯

1 准备一颗柠檬和一颗香橙，取下果皮，等量放入各个马克杯。

2 使用法压壶（参见第146页）或美式咖啡机（参见第153页）冲煮1.5升咖啡。

3 将咖啡倒入一个容器，再加入250毫升稀奶油。将咖啡和奶油的混合物倒入各个马克杯中。

出品　向各个马克杯中加入约1茶匙的姜饼黄油（参见第197页）。

姜饼黄油 制作姜饼黄油需要2汤匙低盐黄油、100克红糖、1/4茶匙多香果粉、1/4茶匙肉豆蔻粉、1/4茶匙肉桂粉、1/4茶匙丁香粉和2茶匙朗姆酒香精。随着姜饼黄油融化、香料溶解，表层会冒出些小泡。

马扎格兰 葡萄牙冰咖啡

器具：意式咖啡机 乳品：无 温度：冰 出品量：1杯

马扎格兰是葡萄牙版的冰咖啡，以意式浓缩咖啡为基底，加入冰块和柠檬皮，微甜。有时还会掺入朗姆酒。

小号玻璃杯

1 将3～4颗冰块和一块柠檬角放入玻璃杯。

2 根据第48～49页上的方法，将上述玻璃杯置于手柄出水口下，冲煮单杯双份意式浓缩咖啡（50毫升）。

出品 如有需要，可加入糖浆，然后立即出品。

冰浓缩咖啡

器具：意式咖啡机 乳品：无 温度：冰 出品量：1杯

将意式浓缩咖啡直接倒在冰块上，可以起到最快的冷却效果。加冰摇几下可得到一层漂亮的泡沫。你还可以尝试白糖、金砂糖和黑砂糖（muscovado）等不同类型的糖，最终呈现的风味会截然不同。

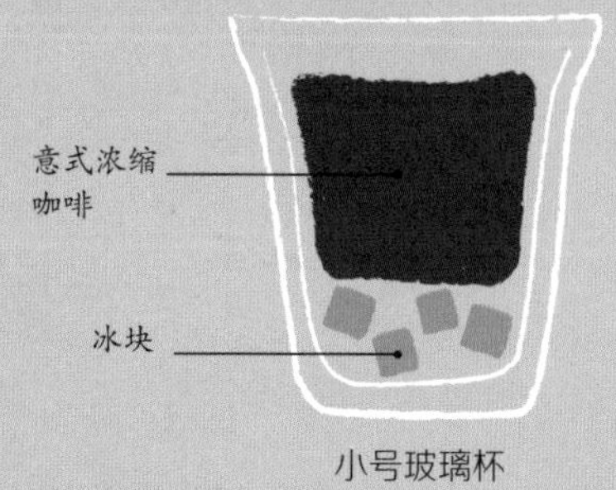

小号玻璃杯

1 根据第48～49页上的方法，冲煮单杯双份意式浓缩咖啡（50毫升），如有需要，可加糖。

2 将意式浓缩咖啡和冰块倒入摇壶，大力摇匀。

出品 在玻璃杯中加入几颗冰块，将咖啡过筛装杯，即可出品。

冰果皮茶咖啡

器具：其他冲煮器具 乳品：无 温度：冰 出品量：1杯

除种子可以被烘焙后冲煮饮用外，咖啡的其他部位也可制成饮品，如 kuti、hoja 和 qishr 等传统饮品。此食谱中，形似木槿的咖啡果皮（cascara）让冰咖啡亮丽生色。

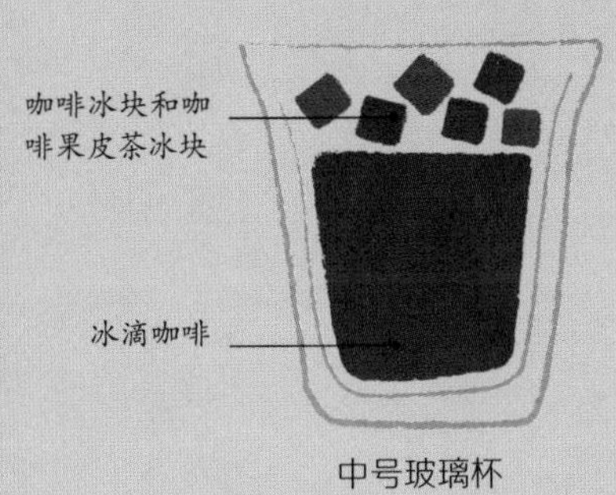

中号玻璃杯

1 用干咖啡果皮制茶，然后将茶水倒入冰格，制成冰块。冲煮咖啡，用同样的方式制作咖啡冰块。

2 根据第152页上的方法，使用冰滴壶制备150毫升冰咖啡。

3 将咖啡果皮茶冰块和咖啡冰块倒入摇壶，再加入冰咖啡和1茶匙干咖啡果皮，摇匀。

出品 将咖啡倒入玻璃杯，即可出品。

美味沙士

器具：其他冲煮器具 乳品：无 温度：冰 出品量：1杯

沙士和咖啡经混合后作为冰饮尤其宜人。此处以椰浆代替乳品，口感更佳、味道更甜，和沙士绝配。

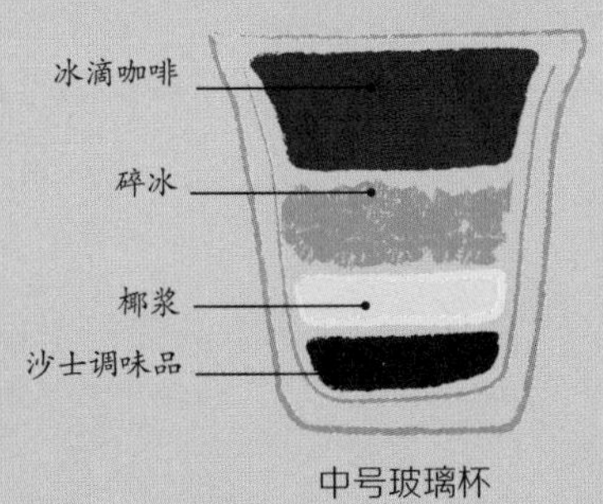

中号玻璃杯

1 根据第152页上的方法，使用冰滴壶制备150毫升冰咖啡。

2 向玻璃杯中加入50毫升购买的沙士调味品和50毫升椰浆，调和。

出品 盖上碎冰，倒入冰咖啡，配备吸管出品。

气泡浓缩咖啡

器具：意式咖啡机　乳品：无　温度：冰　出品量：1杯

气泡水和意式浓缩咖啡看似不太兼容，但这种冒着气泡的组合会让人神清气爽。调和时需谨慎，以免泡沫涌出。

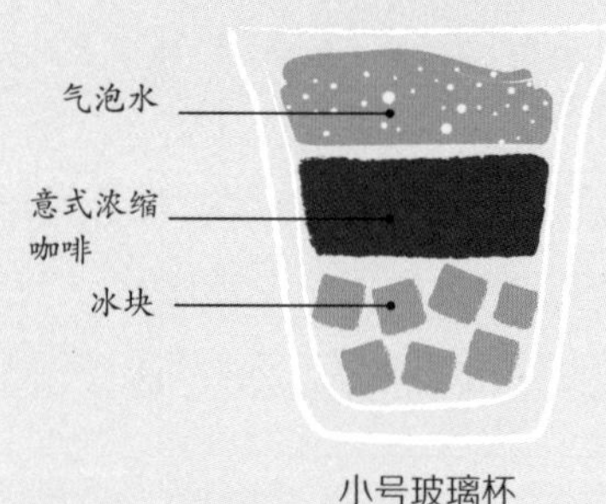

小号玻璃杯

1 将玻璃杯冰镇1小时左右后使用。

2 根据第48～49页上的方法，将一个小容器置于手柄出水口下，冲煮单杯双份意式浓缩咖啡（50毫升）。在玻璃杯中装入冰块，再倒入浓缩咖啡。

出品 轻轻倒入气泡水，即可出品，小心勿让泡沫溢出。

白雪公主

器具：意式咖啡机　乳品：无　温度：冰　出品量：1杯

这款咖啡冰饮中加入了较少见的草莓、甘草风味及大量的冰。出品呈现出红黑两层颜色，叫人联想到白雪公主红唇和乌发，因此得名白雪公主。

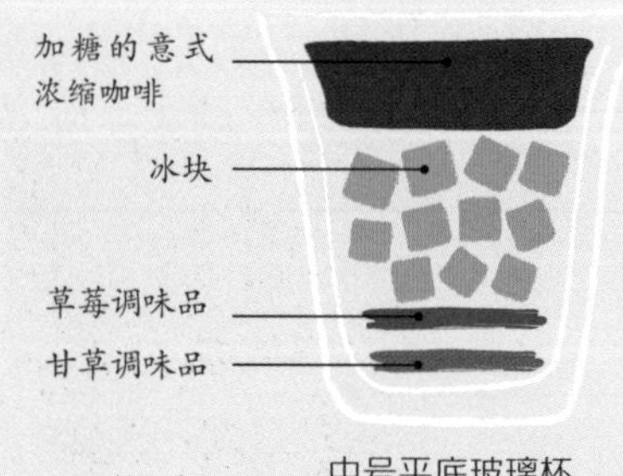

中号平底玻璃杯

1 根据第48～49页上的方法，将一个容器置于手柄出水口下，冲煮单杯双份意式浓缩咖啡（50毫升）。加入1茶匙白糖。将浓缩咖啡和冰块加入摇壶，大力摇匀。

2 向平底玻璃杯中加入1汤匙甘草糖浆和1汤匙草莓糖浆，盖上冰块。

3 将浓缩咖啡过筛倒入。如有需要，倒入浓缩咖啡前可加入50毫升冰牛奶，以增添奶油风味。

出品 配备勺子出品，以便将所有原料搅匀。

白雪公主 试试用碎冰代替冰块，冰镇效果更佳，但容易冲淡味道。

雪顶咖啡可乐

器具：意式咖啡机　乳品：豆奶冰激凌　温度：冰　出品量：1杯

市面上有许多优质的豆奶冰激凌，所以乳糖不耐受者也有机会享用经典的雪顶咖啡可乐。调和咖啡和可乐时需谨慎，以免泡沫涌出。

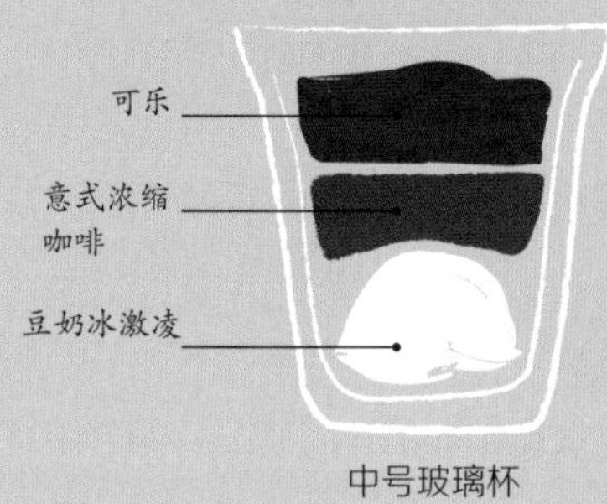

中号玻璃杯

1 挖一勺豆奶冰激凌放入玻璃杯。

2 根据第48～49页上的方法，冲煮一杯单份意式浓缩咖啡（25毫升），浇在冰激凌上，再缓缓倒入可乐。

出品　配备勺子出品。

冰拿铁

器具：意式咖啡机　乳品：牛奶　温度：冰　出品量：1杯

炎炎夏日来一杯冰拿铁非常清爽提神。可使用摇壶或搅拌棒制备冰拿铁，可加糖或其他风味，也可以调整浓度。如果你更喜欢像卡布奇诺这样咖啡味较重的饮品，可以将牛奶减半。

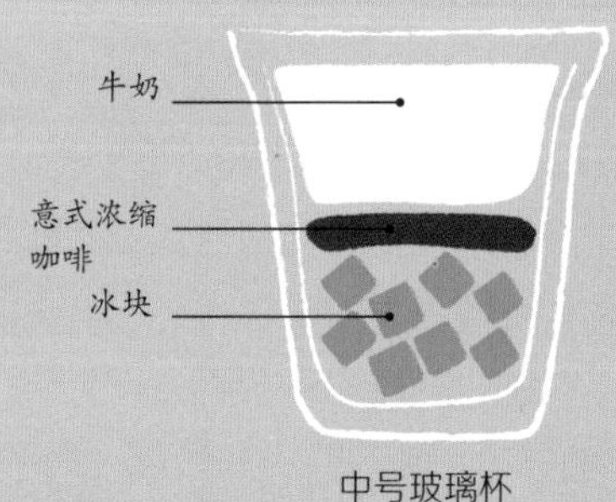

中号玻璃杯

向玻璃杯中加入冰块至半满。根据第48～49页上的方法，将一个小容器置于手柄出水口下，冲煮一杯单份意式浓缩咖啡（25毫升），将其倒入玻璃杯。

出品　倒入180毫升牛奶，加入单糖浆。

或者　冲煮一杯单份意式浓缩咖啡（25毫升），和冰块一同加入摇壶摇匀。向玻璃杯中加入冰块至半满，再加入180毫升牛奶至3/4满杯。将冰浓缩咖啡过筛装杯，即可出品。

榛子冰拿铁

器具：意式咖啡机　乳品：榛仁奶　温度：冰　出品量：1杯

可以将不同的坚果奶和种仁奶调和在一起，作为进阶版的乳制品替代品，调整比例感受不同的口感。以糖蜜取代糖，会带来另一番风味。

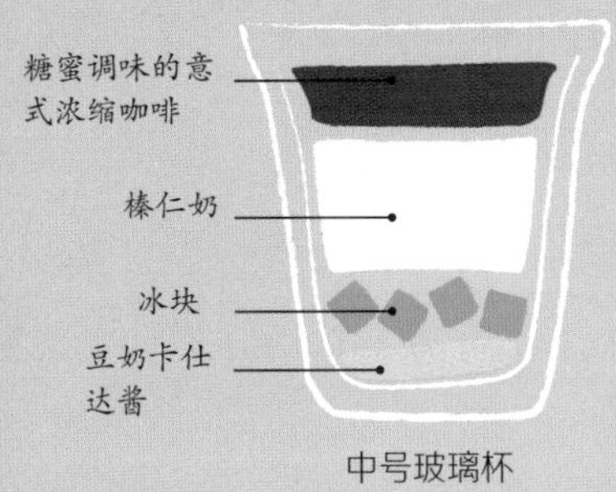

中号玻璃杯

1 根据第48～49页上的方法，将一个小容器置于手柄出水口下，冲煮单杯双份意式浓缩咖啡（50毫升），加入2茶匙糖蜜，用摇壶加冰摇匀。

2 向玻璃杯中加入2汤匙豆奶卡仕达酱和少许冰块。倒入150毫升榛仁奶。

出品　将浓缩咖啡过筛装杯，配备勺子出品。

大米奶冰拿铁

器具：意式咖啡机　乳品：大米奶　温度：冰　出品量：1杯

大米奶是带有自然甜味的牛奶替代品，打奶泡时不易起泡，但很适合制作冰咖啡。坚果提取物和大米奶很搭，但也可以试试莓果。

中号玻璃杯

1 根据第48～49页上的方法，将一个小容器置于手柄出水口下，冲煮单杯单份意式浓缩咖啡（25毫升），待其冷却。

2 将浓缩咖啡、180毫升大米奶和25毫升果仁糖调味品放入摇壶中，再加入咖啡冰块（参见第199页，冰果皮茶咖啡，步骤1），大力摇匀。

出品　将咖啡过筛2遍装杯，配备吸管出品。

冰摩卡 此饮品是绝佳的消暑提神利器，尤其适合在一顿烧烤大餐后享用。

冰摩卡

器具：意式咖啡机　乳品：牛奶　温度：冰　出品量：1杯

冰摩卡是在冰拿铁的基础上加入了巧克力酱，味道偏甜且醇厚，因此广受欢迎。如果想品尝到更浓郁的咖啡风味，可减少牛奶或巧克力酱用量。

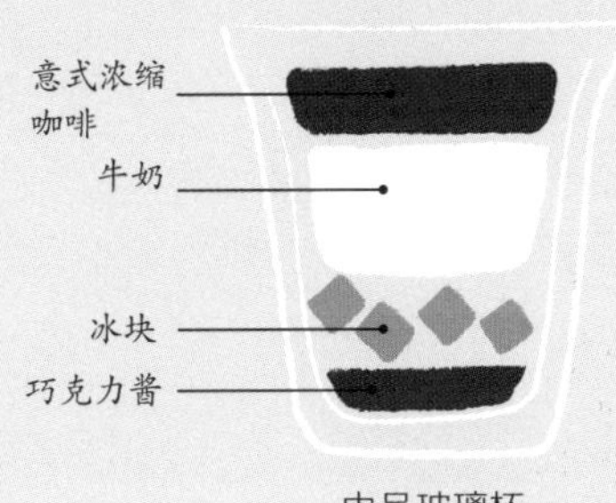

中号玻璃杯

1 将2汤匙自制或购买的牛奶巧克力酱或黑巧克力酱加入玻璃杯。冰块加满，倒入180毫升牛奶。

2 根据第48～49页上的方法，将一个容器置于手柄出水口下，冲煮单杯双份意式浓缩咖啡（50毫升），倒入玻璃杯。

出品　配备吸管出品，以便搅匀巧克力酱。

冰牛奶咖啡 越南冰咖啡

器具：其他冲煮器具　乳品：炼乳　温度：冰　出品量：1杯

如果没有越南冰滴壶，可以使用法压壶（参见第 146 页）或摩卡壶（参见第 151 页），其制作方法和热牛奶咖啡（参见第 195 页）类似。冰牛奶咖啡较淡，但还是很甜且口感细腻。

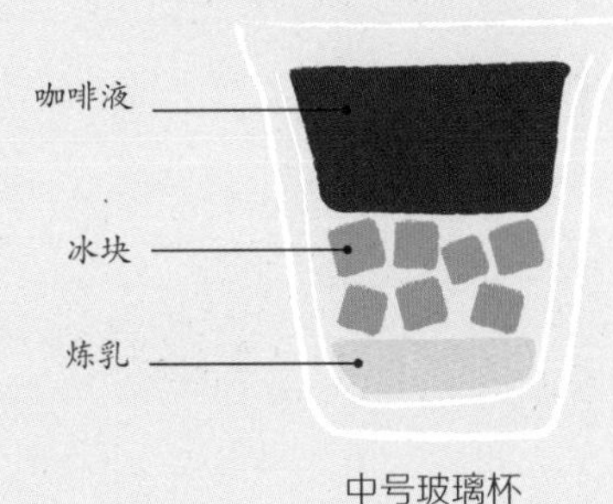

中号玻璃杯

1 向玻璃杯中加入2汤匙炼乳。冰块加满。

2 取下滴滤壶（参见第154页）上的滤片，倒入2汤匙中度研磨的咖啡粉。晃动一下滴滤壶，让咖啡粉均匀分布，拧上滤片。

3 将滴滤壶置于玻璃杯上。将120毫升水煮沸，向滴滤壶中注入四分之一的水量。滴滤壶的冲煮方法参见第154页。

出品　搅拌炼乳，使其融化，即可出品。

牛奶与蜜 牛奶冰块或咖啡冰块可防止饮品被水过度稀释。

牛奶与蜜

器具：其他冲煮器具　乳品：牛奶　温度：冰　出品量：1杯

蜂蜜是香气馥郁的自然甜味剂，搭配热饮和冷饮都很适合。根据此食谱，可在冰镇咖啡前加入蜂蜜，也可在出品前加入搅匀。将牛奶倒入冰格冷冻，即可得到牛奶冰块。

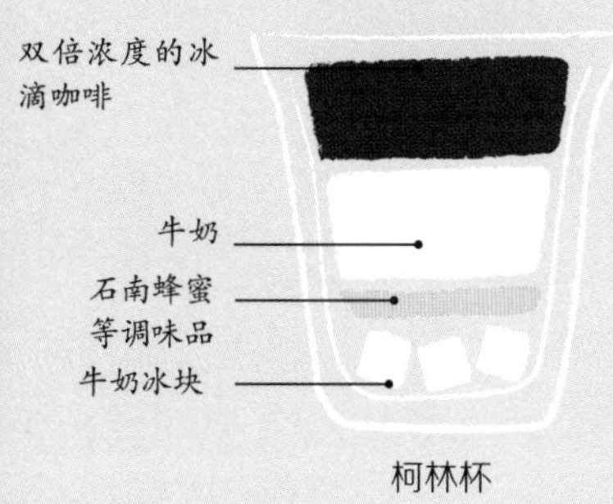

柯林杯

1 根据第152页上的方法，制备100毫升双倍浓度的冰滴咖啡，咖啡下方需放上冰块。

2 将3～4颗牛奶冰块放入玻璃杯，加入1/2茶匙香草提取物、1汤匙石南蜂蜜和1/4茶匙肉桂粉。

出品　先将咖啡倒入玻璃杯，再倒入100毫升牛奶，配备调酒勺出品。

咖啡冰沙

器具：意式咖啡机　乳品：奶油/牛奶　温度：冰　出品量：1杯

和咖啡奶昔一样，这款柔滑细腻的调制饮品可以直接出品，也可以加入各种原料增味后出品。如果你喜欢轻盈一点的口感，可放弃奶油，选择全脂牛奶或低脂牛奶。

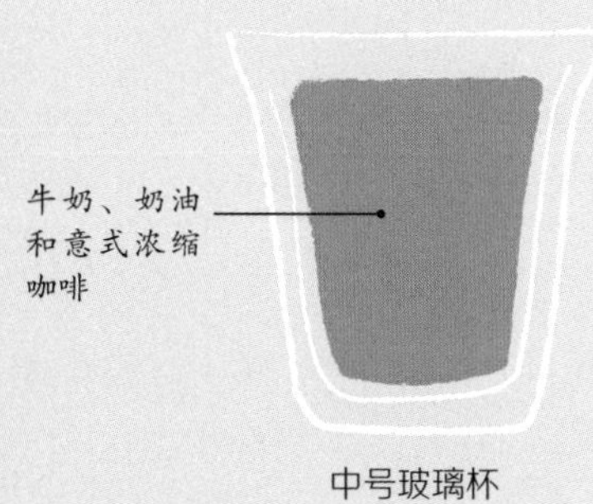

中号玻璃杯

1 根据第48～49页上的方法，将一个小容器置于手柄出水口下，冲煮一杯单份意式浓缩咖啡（25毫升）。

2 将浓缩咖啡、5～6颗冰块、30毫升奶油和150毫升牛奶加入搅拌机搅拌，直至质地变得顺滑。

出品　加入单糖浆，倒入玻璃杯，配备吸管出品。

摩卡冰沙

器具：意式咖啡机　乳品：牛奶　温度：冰　出品量：1杯

在咖啡冰沙的基础上稍加调整，就可以得到摩卡冰沙。摩卡冰沙里有巧克力酱，还有更多意式浓缩咖啡来平衡风味。牛奶巧克力酱的味道更柔和，也可以选用白巧克力酱。

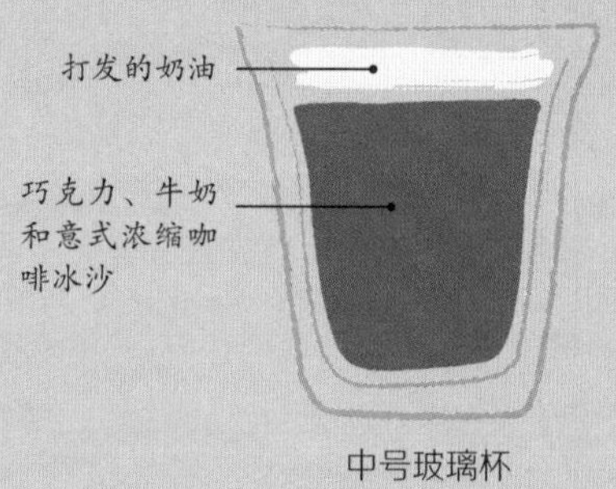

中号玻璃杯

1 根据第48～49页上的方法，将一个小容器置于手柄出水口下，冲煮单杯双份意式浓缩咖啡（50毫升）。

2 将浓缩咖啡、180毫升牛奶、2汤匙自制或购买的巧克力酱和5～6颗冰块加入搅拌机搅拌，直至质地变得顺滑。加入单糖浆。

出品 将冰沙倒入玻璃杯，盖上一大勺打发的奶油，配备吸管出品。

巧克力薄荷冰沙

器具：意式咖啡机　乳品：牛奶　温度：冰　出品量：1杯

这款冷饮是很棒的餐后甜品，不逊于“晚八点”（译者注：英国的巧克力品牌）巧克力蘸咖啡。巧克力薄荷冰沙口感醇厚细腻，薄荷和巧克力的搭配在意式浓缩咖啡的衬托下更显可口。出品时加糖，适合搭配薄荷巧克力一起食用。

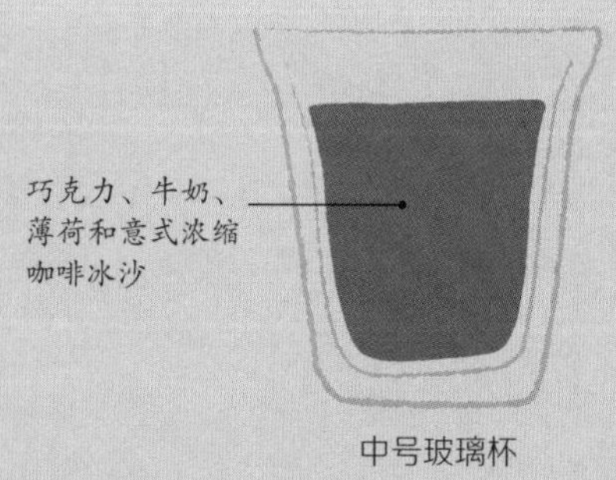

中号玻璃杯

1 根据第48～49页上的方法，将一个小容器置于手柄出水口下，冲煮单杯双份意式浓缩咖啡（50毫升）。

2 将浓缩咖啡、5～6颗冰块、180毫升牛奶、25毫升薄荷调味品和2汤匙自制或购买的巧克力酱加入搅拌机搅拌，直至质地变得顺滑。加入单糖浆。

出品 将冰沙倒入玻璃杯，饰以巧克力碎和薄荷叶，即可出品。推荐使用玛格丽特杯，更加美观。

榛子冰沙

器具：意式咖啡机 乳品：牛奶 温度：冰 出品量：1杯

榛仁奶不含乳制品，自制简单，和咖啡及香草风味都很搭。

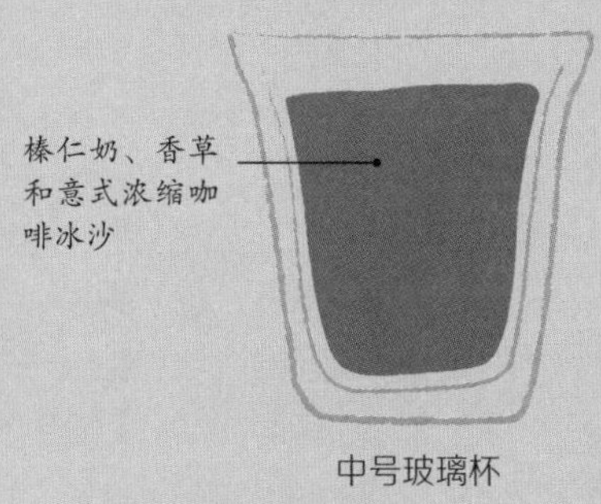

中号玻璃杯

1 根据第48～49页上的方法，将一个小容器置于手柄出水口下，冲煮单杯双份意式浓缩咖啡（50毫升）。

2 将浓缩咖啡、200毫升榛仁奶、5～6颗冰块和1茶匙香草糖加入搅拌机搅拌，直至质地变得顺滑。

出品 将冰沙倒入玻璃杯，配备吸管出品。

欧洽塔冰沙

器具：其他冲煮器具 乳品：牛奶 温度：冰 出品量：4杯

欧洽塔是一款风靡拉美的饮品，由杏仁、芝麻、油莎豆或大米制成，经常添加香草和肉桂调味。你可以选择自制或购买现成产品。

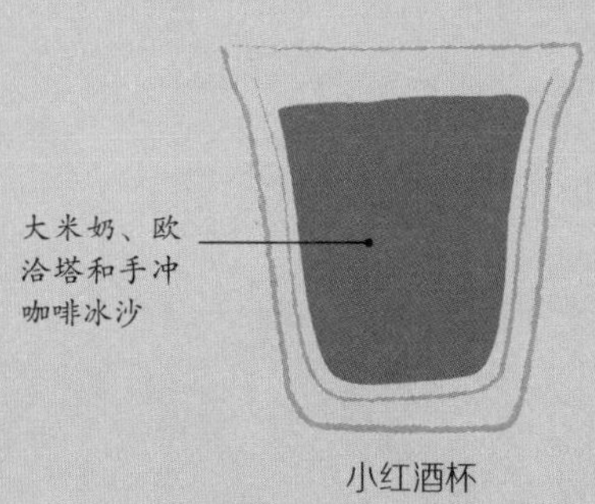

小红酒杯

1 根据第149页上的方法，使用爱乐压冲煮100毫升的浓咖啡。

2 将咖啡、2汤匙欧洽塔粉、100毫升大米奶、2根香草荚的籽、1/2茶匙肉桂粉和10～15颗冰块加入搅拌机搅拌，直至质地变得顺滑。

出品 加入单糖浆，饰以香草荚或肉桂棒，即可出品。

咖啡拉西

器具：意式咖啡机 乳品：酸奶 温度：冰 出品量：1杯

酸奶（译者注：印度的酸奶称为拉西）是很棒的牛奶替代品，可以为调制饮品带来新鲜的味道和更丰富的口感，与奶油和冰激凌不相上下。可以用一勺冰冻酸奶球来代替酸奶。

柯林杯

1 根据第48～49页上的方法，将一个小容器置于手柄出水口下，冲煮单杯双份意式浓缩咖啡（50毫升）。

2 将5～6颗冰块放入搅拌机，倒入浓缩咖啡，待其冷却。

3 将150毫升酸奶、1茶匙香草调味品、1茶匙蜂蜜和2汤匙自制或购买的巧克力酱加入搅拌机搅拌，直至质地变得顺滑。

出品 倒入玻璃杯，再淋上一些蜂蜜，配备吸管出品。

朗姆酒葡萄干冰激凌

器具：意式咖啡机 乳品：牛奶 温度：冰 出品量：1杯

朗姆酒和葡萄干是一对经典组合，也是冰激凌的常见伴侣。不仅如此，这两种风味经常出现在日晒豆的风味轮廓中，因此与咖啡也很搭。

中号玻璃杯

1 根据第48～49页上的方法，将一个小容器置于手柄出水口下，冲煮单杯双份意式浓缩咖啡（50毫升）。

2 将120毫升牛奶、25毫升朗姆酒葡萄干调味品和1勺香草冰激凌加入搅拌机搅拌，直至质地变得顺滑。

3 加入单糖浆，然后倒入玻璃杯。

出品 如有需要，可盖上打发的奶油，配备吸管出品。

馥郁香草

器具：意式咖啡机　乳品：牛奶　温度：冰　出品量：1杯

在调制的饮品中加入炼乳，会增添一种特殊的馥郁口感，犹如液体丝绸。如果想让饮品少糖，可以淡奶或稀奶油代替炼乳。

小号玻璃杯

1 根据第48～49页上的方法，将一个小容器置于手柄出水口下，冲煮一杯单份意式浓缩咖啡（25毫升）。

2 将浓缩咖啡、100毫升牛奶、2汤匙炼乳、1茶匙香草提取物和5～6颗冰块加入搅拌机搅拌，直至质地变得顺滑。

出品　倒入玻璃杯，立即出品。

麦芽特调

器具：意式咖啡机　乳品：牛奶　温度：冰　出品量：1杯

非糖化麦芽粉为饮品甜味剂，此处用于增加甜味和醇厚度。可以麦乳精或巧克力麦芽粉代之。

啤酒杯

1 根据第48～49页上的方法，将一个小容器置于手柄出水口下，冲煮单杯双份意式浓缩咖啡（50毫升）。

2 将浓缩咖啡、1小勺巧克力冰激凌、5～6颗冰块、150毫升牛奶和2汤匙麦芽粉加入搅拌机搅拌，直至质地变得顺滑。

出品　倒入啤酒杯，立即出品，搭配麦芽牛奶饼干。

格拉巴酒特调咖啡

器具：意式咖啡机　乳品：无　温度：烫　出品量：1杯

特调浓缩咖啡是指用一小杯烈酒或力娇酒“调味”的意式浓缩咖啡。一般使用格拉巴酒（译者注：用果渣酿造的白兰地），但有时也使用茴香酒、白兰地或干邑，通常倒入咖啡后出品，也可以搭配咖啡出品。

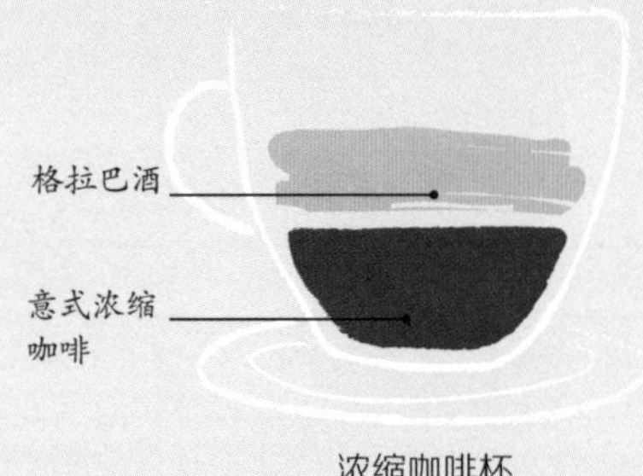

浓缩咖啡杯

1 根据第48～49页上的方法，冲煮一杯单份意式浓缩咖啡（25毫升）。

2 将25毫升格拉巴酒或你喜欢的其他基酒倒入浓缩咖啡。

出品 立即出品。

香甜朗姆

器具：意式咖啡机　乳品：打发的奶油　温度：烫　出品量：1杯

焦糖绝对是咖啡的绝配。这款饮品既有焦糖牛奶酱（dulce de leche）的丝滑和甘露咖啡力娇酒（Kahlua）的咖啡味，也有朗姆酒带来的温热感。

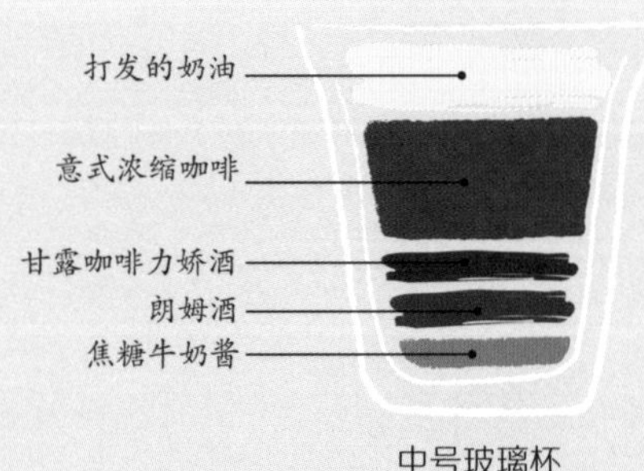

中号玻璃杯

1 将1汤匙焦糖牛奶酱加入玻璃杯。倒入25毫升朗姆酒和1汤匙甘露咖啡力娇酒。

2 根据第48～49页上的方法，将一个小容器置于手柄出水口下，冲煮单杯双份意式浓缩咖啡（50毫升），倒入上述玻璃杯。

3 打发25毫升奶油，直至其稍变浓稠，但未变硬。

出品 用勺子背部导流，注入奶油，即可出品。

生锈雪利丹

器具：意式咖啡机　乳品：无　温度：烫　出品量：1杯

这款饮品受到生锈钉（以杜林标调制的鸡尾酒中最著名的一款）的启发，以威士忌为主酒，辅以雪利丹力娇酒（Sheridans）增加甜味和咖啡味，加入柠檬皮可以让咖啡呈现更明亮的调性。

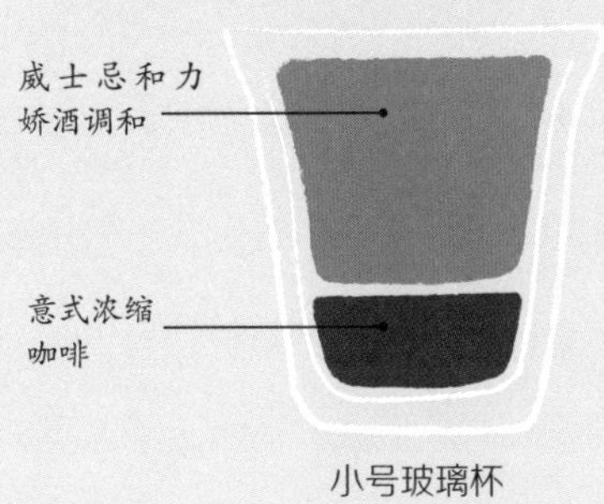

小号玻璃杯

1 根据第48～49页上的方法，将玻璃杯置于手柄出水口下，冲煮一杯单份意式浓缩咖啡（25毫升）。

2 将25毫升杜林标力娇酒、25毫升雪利丹力娇酒和50毫升威士忌倒入一个容器中混合，然后将其小心倒入玻璃杯，确保浓缩咖啡的油脂始终停留在表层。

出品　饰以柠檬皮，即可出品。

爱尔兰咖啡

器具：其他冲煮器具　乳品：奶油　温度：烫　出品量：1杯

乔·谢里丹在1942年发明了爱尔兰咖啡。随后，爱尔兰咖啡成为全球最知名的咖啡饮品。它混合了咖啡（强劲如友善之手）、爱尔兰威士忌（丝滑如大地馈赠）、糖和奶油。

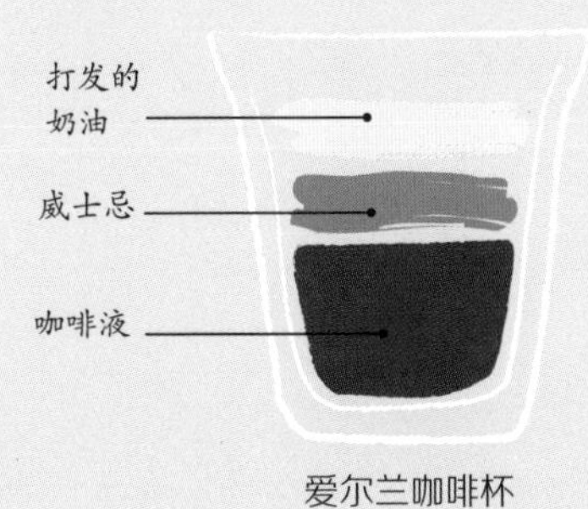

爱尔兰咖啡杯

1 根据第147页上的方法，用滤杯冲煮120毫升浓咖啡。

2 将咖啡和2茶匙红糖倒入玻璃杯，搅动至糖融化。

3 加入30毫升爱尔兰威士忌，搅匀。打发30毫升奶油，直至其稍变浓稠，但未变硬。

出品　用勺子背部导流，注入奶油，即可出品。

干邑燃焰咖啡

器具：其他冲煮器具　乳品：无　温度：烫　出品量：1杯

这款饮品源于经典的新奥尔良燃焰咖啡，以干邑或白兰地作为基酒。禁酒时期，安托万餐厅（Antoine's Restaurant）的老板朱尔斯·阿尔恰托雷（Jules Alciatore）发明了燃焰咖啡——加入柑橘和香料来掩盖酒味真乃一大妙招。

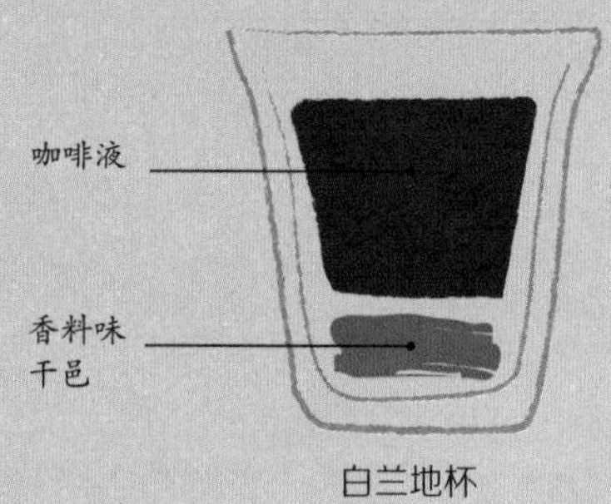

白兰地杯

1 将30毫升干邑倒入白兰地杯，用白兰地专用加热灯温酒。加入1茶匙红糖、1根肉桂棒、1颗丁香、一条柠檬皮和一条橙皮。

2 用法压壶（参见第146页）、爱乐压（参见第149页）或你喜欢的器具冲煮150毫升咖啡，倒入玻璃杯。如果白兰地杯的倾斜角度过大，以致咖啡会满溢，应在倒入咖啡前将杯子从灯架上取下。

出品　用肉桂棒搅动饮品，直至红糖溶解、原料充分浸泡，即可出品。

浓缩咖啡马天尼

器具：意式咖啡机　乳品：无　温度：冰　出品量：1杯

不管是否添加可可奶油力娇酒（Crème de Cacao）等巧克力风味的调制酒来增加甜味，这款优雅的酒精饮料都很适饮。如果不想使用可可奶油力娇酒，可放入双倍分量的甘露咖啡力娇酒。

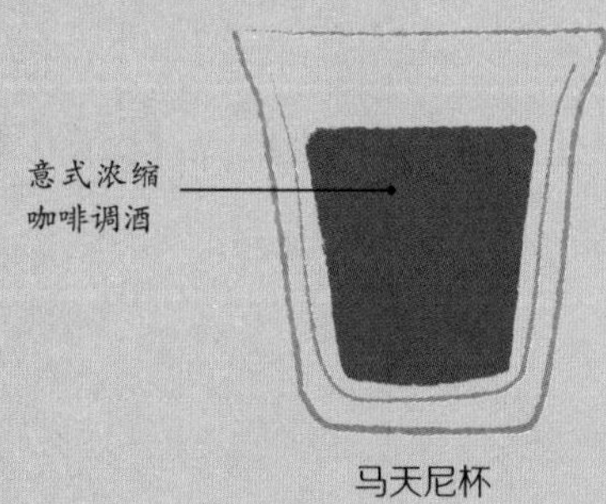

马天尼杯

1 根据第48～49页上的方法，冲煮单杯双份意式浓缩咖啡（50毫升）。待其略微冷却。

2 将咖啡、1汤匙可可奶油力娇酒、1汤匙甘露咖啡力娇酒和50毫升伏特加加入摇壶，随后再添加冰块摇匀。先把浓缩咖啡和酒精调和，有助于降低壶内温度，这样在加入冰块摇酒时，冰块就不会融化太快。

出品　将饮品过筛2遍装入玻璃杯，以3颗咖啡豆点缀奶泡，即可出品。

柑曼怡巧克力

器具：意式咖啡机　乳品：无　温度：冰　出品量：1杯

巧克力和香橙是经典的风味搭配，如果再融入波本威士忌和意式浓缩咖啡，将催生出复杂的香气，让这款饮品成为人们的餐后首选。你可以试试热饮，取出冰块即可。

小号玻璃杯

1 根据第48～49页上的方法，将一个小容器置于手柄出水口下，冲煮单杯双份意式浓缩咖啡（50毫升）。倒入1茶匙自制或购买的巧克力酱，搅拌至其融化。

2 在玻璃杯中放入4～5颗冰块，倒入上述混合物。搅动直至浓缩咖啡冷却。加入1汤匙柑曼怡柑橘味干邑力娇酒（Grand Marnier）和50毫升波本威士忌。

出品　饰以柠檬皮，即可出品。

朗姆卡洛兰

器具：其他冲煮器具　乳品：无　温度：冰　出品量：1杯

当你想要来点香甜暖胃的饮品，冰凉的鸡尾酒也不失为一种选择。这杯饮品以朗姆酒和卡洛兰力娇酒（Carolans）调制，辅以咖啡味浓郁的添万利咖啡力娇酒（Tia Maria），清爽而惬意，正好能满足你的需求。

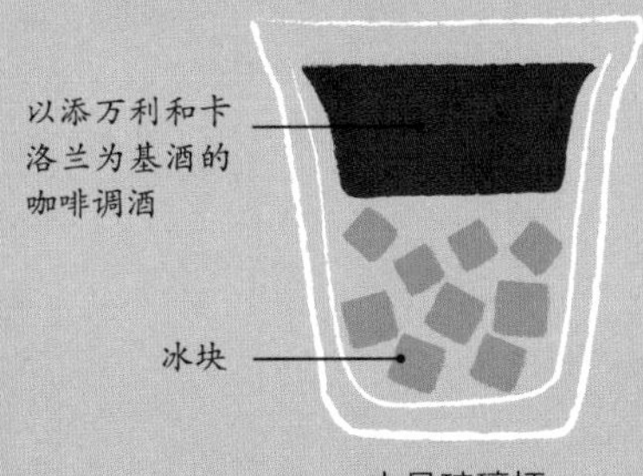

中号玻璃杯

1 准备两个小碟子，分别倒入少许朗姆酒和白糖。玻璃酒杯杯沿用朗姆酒沾湿，裹上糖边。

2 用法压壶（参见第146页）、爱乐压（参见第149页）或你喜欢的器具冲煮75毫升双倍浓度的咖啡，以冰块冷却。

3 将咖啡、1汤匙添万利、1汤匙卡洛兰、25毫升朗姆酒和糖倒入摇壶摇匀。

出品　在玻璃杯中加满冰块，将饮品过筛2遍装杯，即可出品。

波特黑加仑 将玻璃杯冰镇1小时左右后使用，有助于咖啡冷却。

波特黑加仑

器具：意式咖啡机　乳品：无　温度：冰　出品量：1杯

加强型葡萄酒与咖啡可谓是珠联璧合，特别是风味调性一致的意式浓缩咖啡。黑加仑奶油力娇酒（Crème de Cassis）带来的甜味让这杯饮品变得完美。

白兰地杯

1 向白兰地杯中加入4～5颗冰块，倒入25毫升黑加仑奶油力娇酒。

2 根据第48～49页上的方法，将上述白兰地杯置于手柄出水口下，冲煮一杯单份意式浓缩咖啡（25毫升）。搅动使咖啡冷却。缓缓倒入75毫升波特酒。

出品　饰以一颗黑加仑，即可出品。

推荐用豆　高品质肯尼亚咖啡豆的水果调性和发酵感可以衬托莓果和波特酒的风味。

冰樱桃白兰地

器具：意式咖啡机　乳品：无　温度：冰　出品量：1杯

这款饮品可以形容为液体黑森林蛋糕，适合搭配黑松露巧克力或浓巧克力味冰激凌。浓缩咖啡完全冷却后再加入蛋清，出品前过筛 2 遍会让口感更加顺滑。

高脚杯

1 向摇壶中加入冰块。根据第48～49页上的方法，将摇壶置于手柄出水口下，冲煮单杯双份意式浓缩咖啡（50毫升），待其冷却。

2 将25毫升干邑白兰地、25毫升樱桃白兰地和2茶匙蛋清倒入摇壶摇匀。将其过筛2遍装入高脚杯中。

出品　加入单糖浆，即可出品。

术语表

阿拉比卡
两大商用豆种之一（参见罗布斯塔）。阿拉比卡品质较高。

BENEFICIOS
西班牙语，意为（日晒或水洗）加工站。

刀盘
磨豆机中的盘状部件，可将咖啡豆磨碎，以便手冲或制作意式浓缩咖啡。

咖啡因
咖啡中的一种化学物质，有提神作用。

银皮
烘焙豆外包裹的薄层。

咖啡果实
咖啡树结的果子，由外皮、果胶层、内果皮和种子（通常为两颗）构成。

冰咖啡
用冰滴壶和冰水制作或热水冲煮后冷却的咖啡。

商业市场
本书特指纽约、巴西、伦敦、新加坡和东京的咖啡交易市场。

咖啡油脂
意式浓缩咖啡表面的浮沫。

栽培变种
人工繁育用于饮用的品种（参见变种）。

杯测
品尝和评价咖啡的做法。

排气
释放烘焙过程中咖啡豆产生的气体。

浓缩咖啡杯
通常指 90 毫升容量、带把的意式浓缩咖啡专用杯。

出粉量
冲煮需使用的咖啡粉量。

萃取
冲煮中咖啡可溶物溶解于水的过程。

生豆
未烘焙的咖啡豆。

杂交种
两个咖啡种的杂交品种。

果胶层
咖啡果实中内果皮（包裹种子）外层的含糖黏性果肉。

日晒处理
将咖啡果实置于阳光下干燥的处理法。

圆豆
咖啡果实中的单颗（而非常见的两颗）圆形种子。

马铃薯味觉缺陷
咖啡豆受到某种细菌的感染而出现的生土豆气味和味道。

半日晒处理
将去掉外果皮、保留果胶层的咖啡果实置于阳光下干燥的处理法。

罗布斯塔
两大商用豆种之一（参见阿拉比卡）。罗布斯塔品质较差。

SOGESTAL
布隆迪的加工站管理机构，类似于肯尼亚的合作社。

压粉
将意式咖啡机手柄粉碗中的咖啡粉压紧的做法。

溯源性
可确定的咖啡产地、来源、信息和背景故事。

变种
设在种（species）下具有可辨别之差异的分类级别，如阿拉比卡。

水洗处理
通过浸泡和冲洗去掉咖啡果实的外果皮和果胶层后，再将包裹内果皮的咖啡豆置于阳光下干燥的处理法。

作者简介

阿妮特·默德瓦尔为平方英里咖啡烘焙室（Square Mile Coffee Roasters）的联合创始人兼所有者。此烘焙室位于伦敦，获奖无数，主要从事咖啡豆的寻源、采购、进口、烘焙及销售，顾客包括个人和公司。1999年，阿妮特以挪威为起点开启了自己的咖啡师生涯。多年来，她遍寻世界各地的咖啡生产者和优质咖啡豆。

阿妮特经常担任国际咖啡行业内的比赛评委，如世界咖啡师大赛、COE咖啡杯测赛及美食奖。她负责管理的咖啡工作室遍及欧洲、美国、拉丁美洲和非洲。2007年、2008年和2009年的世界咖啡师大赛冠军用豆就出自烘焙师阿妮特之手。她本人还是2007年的世界杯测大赛冠军。

译者简介

屈鑫燕，自由译者，四川大学物理学院学士，北京外国语大学外国文学研究所硕士，威士忌大使认证，持有SCA精品咖啡协会咖啡师高级证书、金杯萃取高级证书、感官技能高级证书、生豆中级证书。曾参与翻译《时间/无间》和《禹步》。

致谢

阿妮特的致谢名单：

Martha, Kathryn, Dawn, Ruth, Glenda, Christine, DK, Tom 和 Signe; Krysty, Nicky, Bill, San Remo 和 La Marzocco; Emma, Aaron, Giancarlo, Luis, Lyse, Piero, Sunalini, Gabriela, Sonja, Lucemy, Mie, Cory, Christina, Francisco, Anne, Bernard, Veronica, Orietta, Rachel, Kar-Yee, Stuart, Christian, Shirani 和 Jose; Stephen, Chris 和 Santiago; Ryan, Marta, Chris, Mathilde, Tony, Joanne, Christian, Bea, Grant, Dave, Kate, Trine 和 Morten; Jesse, Margarita, Vibeke, Karna, Stein, 作者的咖啡家族及好友。

DK 致谢名单：
第一版
摄影：William Reavell
美术设计：Nicola Collings
道具造型：Wei Tang
其他摄影与拉花艺术：Krysty Prasolik
校对：Claire Cross
索引编辑：Vanessa Bird
编辑筑路：Charis Bhagianathan
设计助理：Mandy Earey, Anjan Dey 和 Katherine Raj
创意技术支持：Tom Morse and Adam Brackenbury

第二版
插图：Steven Marsden (pp156-57)
校对：Katie Hardwicke
索引编辑：Vanessa Bird

感谢来自圣雷莫的 Augusto Melendrez. 第64—141页的关键数据基于2013—2019年ICO数据，第101、102、108、136、137和138页上的数据除外。

图片提供
感谢以下人员和机构允许出版社使用其图片：

(图例：a-上方; b-下方/底部; c-中心位置; f-远离中心位置; l-左侧; r-右侧; t-顶部)

17页：Bethany Dawn (t);
78、134、139页：Anette Moldvaer;
99页：Shutterstock.com: gaborbasch;
102页：Getty Images/ iStock: ronemmons;
116页：Alamy Stock Photo: Jorgeprz

图书在版编目（CIP）数据

DK咖啡百科 /（英）阿妮特·默德瓦尔著 ；屈鑫燕译. -- 北京 ：科学普及出版社，2023.2（2024.3重印）
（悦享生活系列丛书）
书名原文：The Coffee Book
ISBN 978-7-110-08960-6

Ⅰ. ①D… Ⅱ. ①阿… ②屈… Ⅲ. ①咖啡－基本知识
Ⅳ. ①TS273

中国版本图书馆CIP数据核字(2022)第199276号

审图号：GS京（2022）0947号

Original Title: The Coffee Book: Barista Tips * Recipes * Beans from Around the World

著作权合同登记号：01-2022-5023

策划编辑 符晓静
责任编辑 符晓静 齐 放
封面设计 中科星河
版式设计 金彩恒通
责任校对 吕传新
责任印制 李晓霖

科学普及出版社
http://www.cspbooks.com.cn
北京市海淀区中关村南大街16号
邮政编码：100081
电话：010-63583865 传真：010-62173081
中国科学技术出版社有限公司发行部发行
佛山市南海兴发印务实业有限公司印刷
开本：889mm×1194mm 1/16
印张：14 字数：210千字
2023年2月第1版 2024年3月第2次印刷
定价：138.00元
ISBN 978-7-110-08960-6/TS・146

www.dk.com